COURS ÉLÉMENTAIRE D'ANALYSE CHIMIQUE

A L'USAGE

Des MÉDECINS, des PHARMACIENS et des ASPIRANTS aux grades Universitaires ;

PAR

M. GUSTAVE CHANCEL,

Docteur ès-Sciences ;

Professeur-suppléant à la Faculté des Sciences de Montpellier.

MONTPELLIER.

BOEHM, IMPRIMEUR DE L'ACADÉMIE.

1850.

COURS ÉLÉMENTAIRE

D'ANALYSE CHIMIQUE.

Montpellier — Typographie de BOEHM.

COURS ÉLÉMENTAIRE

D'ANALYSE CHIMIQUE

À L'USAGE

Des **Médecins**, des **Pharmaciens** et des **Aspirants** aux grades **Universitaires** ;

PAR

M. GUSTAVE CHANCEL,

Docteur ès-Sciences ;
Professeur-suppléant à la Faculté des Sciences de Montpellier,
Membre de plusieurs Sociétés savantes.

OUVRAGE

accompagné de figures intercalées dans le texte, et de 20 *tableaux représentant* 160 *réactions chimiques.*

PARIS.
VICTOR MASSON, place de l'École de Médecine, 17.

LYON.	MONTPELLIER.
Ch. SAVY, place Bellecourt, 14	Charles SAVY, Grand'rue, 5.

1851

AVANT-PROPOS.

Le livre que je soumets au public est le résumé de l'une des parties du cours dont je suis chargé, depuis quelques années, à la Faculté des Sciences de Montpellier, en l'absence de mon savant ami M. le professeur Gerhardt.

Le titre que j'ai donné à cet ouvrage, indique suffisamment que je n'ai entendu composer, ni un TRAITÉ, ni un PRÉCIS COMPLET de Chimie analytique. Mon but, plus modeste, a été simplement d'offrir aux nombreux élèves de nos cours publics et de nos écoles spéciales, un résumé des généralités qui m'ont paru être les plus utiles et les plus fécondes en applications ; j'ai souvent laissé de côté des détails, importants sans doute, mais que le cadre restreint que je me suis imposé, ne me permettait pas d'aborder.

Les personnes qui désireraient étendre davantage leurs connaissances en analyse chimique, devront avoir recours aux nombreux et excellents traités, généraux ou spéciaux, que nous avons souvent consultés nous-même, et parmi lesquels nous citerons ceux de MM. H. Rose, Frésénius, Will, Berzélius, Thenard, Dumas, Pelouze et Frémy, Regnault, Gerhardt, Mitscherlich, Wœhler..., ainsi que les savants articles de MM. Liebig, Kolbe... insérés dans le Dictionnaire de chimie pure et appliquée.

Montpellier, le 30 mars 1851.

COURS ÉLÉMENTAIRE

D'ANALYSE CHIMIQUE.

CONSIDÉRATIONS GÉNÉRALES.

L'objet de l'analyse chimique est de reconnaître tous les éléments qui font partie d'un corps donné et de déterminer la part, soit en poids, soit en volume, que chacun d'eux prend à sa composition.

On ne peut s'occuper avec quelque succès de la détermination du poids des parties constituantes d'un corps soumis à l'analyse, que lorsqu'on connaît d'une manière précise quels sont les éléments qui entrent dans sa composition ; il faut, en effet, modifier, selon les circonstances et les cas spéciaux qui se présentent, les procédés de séparation et de dosage.

D'après cela, l'analyse chimique se divise en deux parties : l'*analyse qualitative* et l'*analyse quantitative* ; la première doit toujours précéder la seconde.

Lorsqu'on n'a aucune donnée sur la nature d'un composé et que l'on se propose cependant d'arriver à la connaissance de tous ses principes constituants, et d'acquérir la preuve qu'outre les corps mis en évidence par l'analyse, il n'y en a pas d'autres, il faut nécessairement procéder avec méthode et suivre rigoureusement une marche systématique.

Les méthodes analytiques peuvent être nombreuses et variées dans la forme; mais elles sont toutes basées sur le même principe, et présentent un caractère commun que nous allons essayer de faire ressortir.

Dans toute méthode analytique on fait d'abord usage de certaines propriétés ou réactions, qui permettent de diviser tous les corps existants, ou ceux que l'on considère, en classes ou sections parfaitement tranchées. Ces propriétés sont toujours choisies de telle sorte que chacune de ces sections comprenne, autant que possible, un nombre à peu près égal de corps, possédant tous au même degré les réactions communes qui ont servi à les grouper. Par l'application d'une autre série de caractères on établit ensuite des divisions, puis des subdivisions dans chacune de ces sections.

En procédant de cette manière, on élimine, presque immédiatement, un nombre très-considérable de corps, dont on n'a plus à s'occuper ; et, après quelques essais généralement peu nombreux, on acquiert la certitude que les éléments du composé dont on recherche la nature, appartiennent à telle ou telle section, ou à l'une de ses divisions ou subdivisions.

Ce n'est que lorsqu'on est parvenu à ce résultat,

que l'on cherche à déterminer, d'une manière spéciale, les corps auxquels on peut avoir affaire en se servant alors de leurs caractères spécifiques.

Ce serait un travail fort pénible, et qui exigerait du chimiste beaucoup de temps et une rare patience, que celui qui consisterait à rechercher la présence de tous les éléments connus dans une substance quelconque soumise à l'analyse. Mais tel n'est jamais le cas. Les composés définis que la chimie nous présente ou ceux que nous rencontrons dans la nature, ne renferment en général qu'un nombre fort limité de principes élémentaires. La plupart d'entre eux sont formés de deux, trois ou quatre éléments; d'autres, en nombre bien moins considérable, en renferment cinq ou six, et il est bien rare de trouver des combinaisons ou même des mélanges contenant plus de huit ou dix éléments.

Ajoutons que toute analyse doit être précédée d'un certain nombre d'essais préliminaires exécutés dans un ordre déterminé. L'analyste acquiert, par là, des données fondamentales sur la nature de la matière soumise à son examen; il apprend à connaître les modifications qu'il devra faire subir à la marche analytique pour le cas spécial qui l'occupe, lorsqu'il sait quels sont les éléments sur lesquels doit plus particulièrement porter son attention. Observons, en effet, qu'il existe beaucoup de corps incompatibles, c'est-à-dire, des corps qui sont nécessairement exclus d'une combinaison par la présence de certains autres. Ainsi l'on n'aura pas à rechercher la présence du bioxyde d'azote dans un mélange gazeux, où l'on aura reconnu celle de l'oxygène; par la même raison, il sera superflu d'examiner si un composé très-soluble dans l'eau, renferme de l'argent ou du plomb, lorsqu'on saura que l'acide chlorhydrique fait partie de sa composition.

Il serait sans intérêt de pousser plus loin ces considérations abstraites; l'application des principes que nous venons de poser, à l'analyse des gaz, fera parfaitement ressortir l'esprit de la méthode analytique en général.

—

PREMIÈRE PARTIE.

—

ANALYSE DES GAZ.

—

UN GAZ ÉTANT DONNÉ, RECONNAÎTRE SA NATURE.

On compte environ quarante fluides élastiques dans les circonstances ordinaires de température et de pression. Quoique ce nombre soit très-faible, comparé à celui des corps solides ou liquides connus en chimie, il est indispensable, s'il s'agit de reconnaître la nature de certains gaz, d'une manière sûre et sans recherches inutiles, de suivre rigoureusement une marche systématique.

Aussi, avant de parler des expériences auxquelles on devra se livrer pour résoudre le problème que nous nous sommes proposé, il faut d'abord séparer tous les gaz connus en plusieurs classes et sections, et établir ensuite dans celles-ci des divisions bien caractérisées. Les propriétés dont nous ferons usage pour parvenir à ce résultat, sont d'ailleurs en petit nombre et faciles à observer.

Ainsi, certains gaz sont combustibles ; d'autres, au contraire, ne brûlent pas au contact de l'air ; les uns sont absorbés par une dissolution alcaline, tandis que les autres ne s'y dissolvent pas ; quelques-uns sont colorés, d'autres sont incolores ; un certain nombre d'entre eux étant répandus dans l'atmosphère y développent d'épaisses fumées, d'autres ne jouissent nullement de cette propriété. C'est en appliquant successivement ces divers caractères, que nous pourrons diviser les gaz de la manière suivante.

PREMIÈRE CLASSE.

GAZ INCOMBUSTIBLES.

Ire SECTION. Gaz non absorbables par une dissolution de potasse.	GROUPE UNIQUE.	1. Oxygène. 2. Protoxyde d'azote. 3. Bioxyde d'azote. 4. Azote.
IIe SECTION. Gaz absorbables par une dissolution de potasse.	Ier GROUPE. Gaz incolores.	1. Ammoniaque. 2. Gaz sulfureux. 3. Gaz carbonique. 4. Gaz chloroxycarbonique. 5. Chlorure de cyanogène.
	IIe GROUPE. Gaz colorés.	1. Chlore. 2. Gaz hypochloreux. 3. Gaz chloreux. 4. Gaz hypochlorique.
	IIIe GROUPE. Gaz fumants.	1. Acide chlorhydrique. 2. — bromhydrique. 3. — iodhydrique. 4. Gaz fluosilicique. 5. Gaz fluoborique. 6. Gaz chloroborique.

SECONDE CLASSE.

GAZ COMBUSTIBLES.

Ire Section. Gaz absorbables par une dissolution de potasse.	Ire Groupe. Gaz acides.	1. Hydrogène sulfuré. 2. — sélénié. 3. — telluré.
	IIe Groupe. Gaz alcalins.	Méthammine ou Méthyliaque.
	IIIe Groupe. Gaz neutres.	1. Cyanogène. 2. Éther méthylique.
IIe Section. Gaz non absorbables par une dissolution de potasse.	Ier Groupe. Gaz donnant par la combustion un acide énergique.	1. Chlorure méthylique. 2. Fluorure méthylique. 3. Hydrogène phosphoré. 4. Hydrogène arsénié.
	IIe Groupe. Gaz donnant par la combustion de l'acide carbonique produisant un précipité blanc dans l'eau de chaux.	1. Oxyde de carbone. 2. Gaz des marais. 3. Gaz oléfiant. 4. Butyrène.
	IIIe Groupe....	Hydrogène.

Les essais qu'il s'agit de faire pour déterminer à quelle classe, section ou groupe appartient un gaz donné dont on recherche la nature, sont très-simples et d'une exécution facile.

On introduit quelques centimètres cubes de gaz dans un petit tube fermé par un bout, et l'on examine, par l'approche d'un corps en combustion, s'il est incombustible ou s'il brûle au contact de l'air. On reconnaît ainsi si le gaz fait partie de la première ou de la seconde classe. Dans tous les cas, on aura éliminé à peu près le moitié des gaz dont on n'aura plus à s'occuper.

Si le gaz est combustible, il sera très-important d'observer la couleur de sa flamme, car souvent elle est caractéristique. Ainsi, l'hydrogène brûle avec une flamme très-pâle, celle des divers hydrogènes carbonés est au contraire blanche et extrêmement éclairante; la flamme du cyanogène est pourpre, et celle de l'oxyde de carbone d'un beau bleu.

Ayant reconnu à quelle classe appartient le gaz donné, on déterminera de quelle section il fait partie en l'agitant avec une dissolution de potasse, que l'on introduit dans l'éprouvette à l'aide d'une pipette dont l'extrémité est recourbée.

Cela fait, on reconnaîtra sans difficulté le groupe auquel appartient ce gaz. Il suffira de constater s'il est coloré, incolore ou fumant, lorsqu'on le répand dans l'atmosphère; s'il est acide ou neutre, ce que l'on reconnaîtra à l'aide des papiers réactifs; enfin, si par la combustion il se forme des acides énergiques, tels que les acides chlorhydrique, phosphorique, ou s'il ne se forme dans ces circonstances que de l'eau, du gaz carbonique ou ces deux produits simultanément.

Lorsque, par les essais qui viennent d'être indiqués, on aura déterminé le groupe auquel appartient un gaz, il faudra le distinguer des autres fluides élastiques qui font partie du même groupe, et c'est alors que l'on devra étudier ses propriétés spécifiques.

Rappelons maintenant les propriétés des principaux gaz, en nous bornant à celles qui servent à les distinguer les uns des autres.

PREMIÈRE CLASSE.

GAZ INCOMBUSTIBLES.

Ire SECTION.

Gaz non absorbables par une dissolution de potasse.

GROUPE UNIQUE.

---

1. Oxygène.

Ce gaz est presque insoluble dans l'eau, inodore et sans saveur; il rallume avec vivacité une allumette présentant encore un point en ignition; il rend le le bioxyde d'azote rutilant, en le tranformant en gaz hyponitrique; sous l'influence de l'étincelle électrique ou de la mousse de platine, il s'unit au double de son volume d'hydrogène pour former de l'eau.

2° *Protoxyde d'azote.*

Ce gaz est doué d'une faible odeur ; il rallume les corps qui présentent encore quelques points en ignition, comme l'oxygène, mais avec moins de vivacité ; il se dissout dans le double de son volume d'eau et en quantité assez notable dans l'alcool. Décomposé au rouge dans une cloche courbe par des corps avides d'oxygène, tel que le potassium ou le sulfure de baryum, il laisse un résidu d'azote dont le volume est égal à celui qu'occupait le gaz avant sa décomposition.

3. *Bioxyde d'azote.*

Le bioxyde d'azote se distingue de tous les gaz connus par une foule de caractères. Il devient jaune orangé au contact de l'air ou de l'oxygène pur, et se transforme en vapeurs hyponitriques dont l'odeur est très-prononcée et tout-à-fait caractéristique. Il est absorbé par les sels de fer au minimum et leur communique une couleur brune ; il est décomposé par les corps avides d'oxygène, et laisse un résidu d'azote égal à la moitié de son propre volume.

4. *Azote.*

L'azote est incolore, insoluble dans l'eau, dans l'alcool et dans les dissolutions des sels ferreux. Il éteint les corps en combustion, ne rougit pas le tournesol, ne trouble pas l'eau de chaux. Tous ces caractères sont négatifs, et pour reconnaître l'azote on ne procède que par exclusion.

Observation.— Pour distinguer, les uns des autres, les gaz qui composent ce groupe, distinction qui ne peut présenter aucune difficulté, on effectuera les essais qui se trouvent indiqués dans le Tableau suivant :

Ce groupe se compose de quatre gaz,	dont deux activent la combustion.	Gaz insoluble dans l'eau et dans l'alcool; complétement absorbé par les corps avides d'oxygène........	OXYGÈNE.
		Gaz notablement soluble dans l'eau et dans l'alcool; laissant un résidu lorsqu'on le décompose par les corps avides d'oxygène..	PROTOXYDE D'AZOTE.
	dont deux empêchent la combustion.	Le gaz répand des vapeurs rutilantes au contact de l'air..........	BIOXYDE D'AZOTE.
		Le gaz ne répand pas de vapeurs rutilantes en présence de l'air, et n'acquiert pas d'odeur.............	AZOTE.

IIe SECTION.

Gaz absorbables par une dissolution de potasse.

Ier GROUPE.

GAZ INCOLORES.

---

1. Gaz ammoniac.

Ce gaz est doué d'une odeur caractéristique très-piquante. Ses propriétés, fortement alcalines, permettent de le distinguer d'une manière sûre de tous les autres gaz de la première classe. Il répand d'épaisses fumées par le contact de l'acide chlorhydrique étendu d'eau. Il est absorbé en quantité considérable par l'eau.

2. *Gaz sulfureux.*

Ce gaz possède une odeur piquante et caractéristique, qui est celle que développe le soufre en combustion. L'eau le dissout en quantité assez considérable, et cette dissolution exposée à l'air, ou traitée par le chlore ou l'acide nitrique, se transforme en acide sulfurique, dont on constate la présence par le chlorure de baryum; ce sel détermine un précipité blanc, insoluble dans l'eau et dans les acides.

L'acide sulfureux est absorbé par le borax, par le peroxyde de manganèse, et surtout par le bi-oxyde de plomb avec lequel il forme du sulfate de plomb. La solution aqueuse de gaz sulfureux, mêlée avec de l'acide chlorhydrique, produit avec le zinc de l'hydrogène et du gaz sulfhydrique; la liqueur précipite alors en noir par les sels de plomb.

3. *Gaz carbonique.*

Il est inodore; l'eau en dissout à peu près son volume; il rougit faiblement le tournesol. Il forme avec l'eau de chaux un précipité blanc, insoluble dans l'eau, soluble dans un excès d'acide carbonique.

4. *Gaz chloroxycarbonique.*

Son odeur est piquante, particulière. Il est décomposé par l'eau en acide chlorhydrique et en gaz carbonique. L'antimoine, l'arsenic décomposent le gaz chloroxycarbonique, s'emparent du chlore qu'il contient, et dégagent de l'oxyde de carbone.

5. *Chlorure de cyanogène.*

Ce gaz possède une odeur piquante; il est neutre avec les réactifs colorés; il est décomposé par la potasse, avec laquelle il forme du chlorure et du cyanate potassique. Ce dernier sel, sous l'influence d'un excès d'alcali, produit un dégagement d'ammoniaque.

DISTINCTION DES GAZ DU 1er GROUPE.

Les gaz de ce groupe sont au nombre de cinq,	dont un bleuit la teinture rouge de tournesol		GAZ AMMONIAC.
	dont trois rougissent d'une manière plus ou moins intense la teinture bleue de tournesol.	Le gaz possède l'odeur du soufre qui brûle	GAZ SULFUREUX.
		Le gaz est inodore, trouble l'eau de chaux	GAZ CARBONIQUE.
		Le gaz donne avec la dissolution de nitrate d'argent un précipité blanc, insoluble dans les acides	GAZ CHLOROXYCARBONIQUE.
	Dont un est neutre aux réactifs colorés		CHLORURE DE CYANOGÈNE.

IIe GROUPE.

GAZ COLORÉS.

---

1. *Chlore.*

Il est jaune-verdâtre, d'une odeur suffocante et caractéristique. L'eau en prend environ 3 fois son volume à + 8°. Le chlore se distingue surtout des trois autres gaz qui font partie de ce groupe, parce qu'il ne détone pas sous l'influence de la chaleur, et que même, après avoir été chauffé, il est entièrement absorbé par les alcalis; il détruit les couleurs végétales, s'unit à l'arsenic et à l'antimoine avec incandescence ; il se combine avec son volume d'hydrogène. Mis en présence d'une dissolution de nitrate d'argent, il donne un précipité blanc de chlorure d'argent, insoluble dans l'eau et dans l'acide nitrique, mais très-soluble dans l'ammoniaque. Dans cette réaction, l'argent n'est jamais précipité d'une manière complète ; il se forme en même temps du chlorate d'argent soluble qui reste dans la liqueur.

2. *Gaz hypochloreux.*

Ce gaz possède une couleur jaune orangée peu intense ; son odeur vive et particulière rappelle celle du chlore. Il est absorbé en grande quantité par l'eau, et donne une dissolution qui dégage du chlore avec une vive effervescence quand on la traite par l'acide chlorhydrique.

Ce gaz détone sous l'influence de la chaleur.

3. *Gaz chloreux.*

Il est jaune verdâtre, moins soluble dans l'eau et beaucoup plus stable que le gaz hypochloreux ; sa dissolution aqueuse saturée est jaune d'or ; elle n'attaque, ni l'or, ni l'antimoine. Par l'action de la chaleur, le gaz chloreux détone et se décompose en deux volumes de chlore et trois volumes d'oxygène.

4. *Gaz hypochlorique.*

Il est jaune foncé, légèrement verdâtre, d'une odeur de caramel assez prononcée : l'eau en dissout environ 8 fois son volume ; ce gaz détone violemment par une légère chaleur, et n'attaque pas le mercure.

Distinction des gaz du 2e groupe.

Ce groupe comprend quatre gaz colorés,	dont un est complétement absorbé par la dissolution de potasse après avoir été chauffé	....	Chlore.
	Dont trois ne sont que partiellement absorbables par la dissolution de potasse après avoir été chauffés	Le gaz est absorbé par l'eau et dégage du chlore par l'addition de l'acide chlorhydrique........	Gaz hypochloreux.
		Le gaz se décompose par la chaleur en 2 vol. de chlore et 3 vol. d'oxygène....	Gaz chloreux.
		Le gaz n'attaque pas le mercure ; et détone violemment par la chaleur......	Gaz hypochlorique.

IIIe GROUPE.

GAZ FUMANTS.

---

1. Acide chlorhydrique.

Ce gaz est très-acide et très-soluble ; sa dissolution forme avec le nitrate d'argent un précipité blanc, caillebotté, qui se colore en violet sous l'influence de la lumière ; ce précipité est insoluble dans l'acide nitrique, mais très-soluble dans l'ammoniaque. Le chlore ne décompose pas le gaz chlorhydrique, et ne détermine aucune coloration lorsqu'on le mêle avec cet acide.

2. Acide bromhydrique.

Gaz très-acide, très-fumant au contact de l'air ; il

est décomposé par le chlore, qui le transforme en acide chlorhydrique et en vapeurs rouges de brôme. Il est très-soluble dans l'eau. Cette dissolution, traitée par le nitrate d'argent, donne un précipité blanc de bromure d'argent, tout-à-fait semblable au chlorure d'argent, mais bien moins soluble dans l'ammoniaque.

3. Acide iodhydrique.

Ce gaz est très-acide et très-soluble dans l'eau; le chlore le décompose en acide chlorhydrique et vapeurs violettes d'iode; il est également décomposé par le mercure et par d'autres métaux. Si l'on ajoute à sa dissolution aqueuse une quantité très-faible d'eau de chlore, on obtient une liqueur qui prend une belle couleur bleue par l'addition d'amidon. L'acide iodhydrique, dissous dans l'eau, donne avec le nitrate d'argent un précipité blanc-jaunâtre, presque insoluble dans l'ammoniaque.

4. Gaz fluosilicique.

Ce gaz est très-fumant, acide; il donne avec l'eau qui l'absorbe, un dépôt de silice gélatineuse et une dissolution d'acide hydrofluosilicique. Cette solution forme un précipité blanc avec le chlorure de baryum, après une agitation suffisamment prolongée.

5. Gaz fluoborique.

C'est le plus fumant de tous les gaz; il est très-acide, noircit et carbonise le papier. L'eau l'absorbe en quantité très-considérable, et le décompose en acide fluorhydrique (ou hydrofluoborique?) et en acide borique qui se dépose.

6. Gaz chloroborique.

Ce gaz répand, au contact de l'air, des fumées blanches presque aussi épaisses que celles que produit le fluorure de bore. L'eau l'absorbe en quantité considérable, avec rapidité, mais non d'une manière instantanée, comme cela a lieu pour les acides chlorhydrique, brômhydrique, iohydrique. La dissolution contient de l'acide chlorhydrique et de l'acide borique; si l'on n'emploie qu'une petite quantité d'eau, ce dernier acide se dépose à l'état solide; elle précipite les sels d'argent, et si, après l'avoir évaporée, on traite le résidu par l'alcool, ce liquide brûle avec une flamme verte.

DISTINCTION DES GAZ DU 3e GROUPE.

Si nous examinons l'action de l'eau sur les six gaz qui composent ce groupe, nous voyons que les trois premiers sont dissous sans décomposition, tandis que les trois autres sont toujours décomposés. Ajoutons que, sous l'influence de la chaleur, les acides chlorhydrique, brômhydrique et iodhydrique, sont décomposés par le potassium qui ne les absorbe qu'en partie; ils laissent une quantité d'hydrogène égale à la moitié de leur volume. Les trois autres gaz, le fluorure de silicium, le fluorure de bore et le chlorure de bore, sont au contraire complétement absorbés, quand on les chauffe avec une quantité suffisante de potassium.

Le Tableau suivant indique la manière de distinguer ces gaz les uns des autres; mais il faudra toujours examiner avec soin, si le gaz déterminé possède l'ensemble des caractères que nous avons exposés.

Ce groupe comprend six gaz,

- dont trois sont solubles dans l'eau sans décomposition.
  - Le gaz ne se colore pas par une bulle de chlore.......... **Acide Chlorhydrique.**
  - Le gaz se colore en rouge ou violet par une bulle de chlore.
    - La dissolution du gaz additionnée d'une très-petite quantité de chlore, ne bleuit pas par l'amidon......... **Acide Bromhydrique.**
    - La dissolution bleuit par l'amidon, après l'addition d'une très-petite quantité de chlore.......... **Acide Iodhydrique.**
- dont trois sont entièrement décomposés par l'eau qui les dissout.
  - La dissolution du gaz donne un dépôt gélatineux.......... **Gaz Fluosilicique.**
  - La dissolution du gaz ne donne pas de dépôt gélatineux.
    - La dissolution ne contient pas d'acide chlorhydrique......... **Gaz Fluoborique.**
    - La dissolution contient de l'acide chlorhydrique, et laisse, par l'évaporation, un résidu qui colore en vert la flamme de l'alcool........ **Gaz Chloroborique.**

SECONDE CLASSE.

GAZ COMBUSTIBLES.

Ire SECTION.

Gaz absorbables par une dissolution de potasse.

Ier GROUPE.

GAZ ACIDES.

1. Hydrogène sulfuré.

Il est incolore et possède l'odeur fétide caractéristique des œufs pourris ; il brûle avec une flamme bleue en produisant en général un dépôt de soufre. L'eau en dissout trois fois son volume. Il noircit l'argent et précipite en noir les sels de plomb. Il est décomposé par le chlore et par l'acide sulfureux humide ou en dissolution, qui produisent un dépôt de soufre.

2. Hydrogène sélénié.

Son odeur est fétide ; le chlore et l'air humide le décomposent et séparent le sélénium qui se dépose sous la forme d'une poudre rouge cinabre. Il forme avec les sels de zinc un précipité couleur de chair.

3. Hydrogène telluré.

Le chlore et l'air humide le décomposent et produisent un dépôt de tellure, sous la forme d'une poussière brune d'un aspect métallique.

Observation. — Les trois gaz qui précèdent sont très-faciles à distinguer les uns des autres, par la couleur du dépôt que l'on obtient à l'aide du chlore.

IIe GROUPE.

GAZ ALCALINS.

Méthammine ou méthyliaque.

Gaz permanent, incolore, alcalin, à l'égal de l'ammoniaque; comme elle, très-soluble dans l'eau, fumant au contact des vapeurs d'acide chlorhydrique, et doué d'une odeur pénétrante qui, tout en étant ammoniacale, rappelle celle de la marée.

Toutes ces propriétés sont tellement caractéristiques, que ce gaz se distingue d'une manière tranchée de tous les fluides élastiques qui font partie de cette section.

IIIe GROUPE.

GAZ NEUTRES.

1. Cyanogène.

Odeur vive, particulière, qui affecte les yeux; il brûle avec une flamme pourpre et prépicite l'eau de chaux, après cette combustion. L'eau dissout 4 vol. $\frac{1}{2}$ de cyanogène, et prend son odeur caractéristique et pénétrante.

2. Éther méthylique.

Odeur éthérée, agréable; ce gaz est soluble dans l'eau et dans l'alcool; il brûle avec une flamme semblable à celle de l'alcool, et précipite l'eau de chaux après sa combustion.

Observation. — Le cyanogène et l'éther méthylique se distinguent par la couleur de leur flamme et par leur odeur qui est fort différente.

IIe SECTION.

Gaz non absorbables par une dissolution de potasse.

Ier GROUPE.

GAZ DONNANT PAR LA COMBUSTION UN ACIDE ÉNERGIQUE.

---

1. Chlorure méthylique.

Gaz incolore, doué d'une odeur aromatique; il est très-peu soluble dans l'eau et brûle avec une flamme bordée de vert. Après la combustion, le tube contient de l'acide chlorhydrique et on obtient avec le nitrate d'argent un précipité blanc soluble dans l'ammoniaque.

2. Fluorure méthylique.

Gaz incolore, d'une odeur éthérée; il brûle avec une flamme bleuâtre et attaque le verre après la combustion; il est peu soluble dans l'eau.

3. Hydrogène phosphoré.

Ce gaz possède une odeur fortement alliacée et tout-à-fait caractéristique. Il est souvent spontanément inflammable, mais plusieurs circonstances peuvent lui faire perdre cette propriété; dans tous les cas il s'enflamme toujours avec facilité par l'approche d'un corps en combustion. Sa flamme est très-vive et très-éclairante, et produit en brûlant des fumées épaisses d'acide phosphorique. Il brûle aussi par le contact du chlore, et forme un précipité brun avec les sels de cuivre et d'argent qui l'absorbent en quantité considérable.

4. Hydrogène arsénié.

Ce gaz possède une odeur nauséabonde extrêmement

repoussante. Sa flamme, jaune livide, est accompagnée d'un dépôt arsénical brun-marron et développe une odeur alliacée. Chauffé dans un tube à l'aide de la flamme de la lampe à esprit de vin, ce gaz se décompose en hydrogène libre et en arsenic qui se dépose contre les parois du tube. L'air humide et l'eau de chlore en faible quantité en séparent l'arsenic à l'état d'une poudre brune. Il précipite le nitrate d'argent et le sulfate de cuivre.

DISTINCTION DES GAZ DU 1er GROUPE.

Ce groupe comprend quatre gaz,	dont deux ne donnent pas de précipité, ni avec le nitrate d'argent, ni avec le sulfate de cuivre.	Le gaz brûle avec une flamme bordée de vert et donne ensuite les réactions de l'acide chlorhydrique..............	CHLORURE MÉTHYLIQUE.
		Le gaz brûle avec une flamme bleuâtre et attaque le verre après la combustion.........	FLUORURE MÉTHYLIQUE.
	dont deux précipitent le nitrate d'argent et le sulfate de cuivre.	Le gaz brûle avec une flamme accompagnée de vapeurs blanches ; l'eau de chlore ne détermine pas de dépôt brun...........	HYDROGÈNE PHOSPHORÉ.
		Le gaz brûle avec une flamme jaunâtre, accompagnée d'un dépôt arsénical brun-marron..	HYDROGÈNE ARSÉNIÉ.

IIe GROUPE.

GAZ DONNANT PAR LA COMBUSTION DE L'ACIDE CARBONIQUE.

---

1. Oxyde de carbone.

Gaz incolore, inodore, presque insoluble dans l'eau. Il brûle avec une belle flamme bleue, et se transforme en acide carbonique. Dans ces circonstances, 1 volume d'oxyde de carbone consomme exactement $\frac{1}{2}$ volume d'oxygène, et donne 1 volume de gaz carbonique. L'oxyde de carbone est complétement absorbé par une dissolution ammoniacale de protochlorure de cuivre; à une haute température, il est également absorbé par le potassium.

2. Gaz des marais.

Le gaz des marais ou *Hydrogène protocarboné*, est incolore, presque inodore, plus léger que l'air. Il brûle avec une flamme bleuâtre peu éclairante. Il exige, pour se transformer en acide carbonique et en eau, 2 fois son volume d'oxygène, et donne son propre volume de gaz carbonique. Ce gaz est insoluble dans l'eau et n'est pas absorbé par l'acide sulfurique concentré.

3. Gaz oléfiant.

Ce gaz (*Hydrogène bicarboné*) est incolore, doué d'une odeur particulière, et presque aussi dense que l'air. Il brûle avec une flamme blanche très-éclairante, et forme avec le chlore un liquide huileux (liqueur des Hollandais). Il est très-soluble dans l'acide sulfurique concentré, mélangé d'anhydride sulfurique. 1 volume exige, pour sa combustion complète, 3 volumes d'oxygène, et donne 2 volumes de gaz carbonique.

4. *Butyrène.*

Gaz incolore, insoluble dans l'eau, soluble dans l'alcool absolu et les huiles grasses. Sa flamme est très-lumineuse. 1 volume de ce gaz exige, pour brûler, 6 volumes d'oxygène, et produit 4 volumes de gaz carbonique.

Observation.— A ce groupe viennent se joindre trois autres gaz, que nous ne ferons que mentionner : le *méthylène*, qui est à peine connu, le *méthyle* et l'*éthyle* qui ont été récemment découverts.

DISTINCTION DES GAZ DU 2e GROUPE.

Ce groupe comprend quatre gaz,	dont deux ne sont pas absorbés par l'acide sulfurique concentré.	Le gaz est absorbé complétement par une dissolution ammoniacale de protochlorure de cuivre, et brûle avec une flamme bleue...	OXYDE DE CARBONE.
		Le gaz brûle, éclaire peu, et n'est pas absorbé par la dissolution ammoniacale de protochlorure de cuivre......	GAZ DES MARAIS.
	dont deux sont complétement absorbés par l'acide sulfurique concentré.	Le gaz n'est pas absorbé par l'alcool absolu.................	GAZ OLÉFIANT.
		Le gaz est dissous par l'alcool absolu, et se dégage de cette dissolution par l'addition de l'eau..............	BUTYRÈNE.

Les caractères, indiqués dans ce Tableau, ne sont pas suffisants pour distinguer d'une manière certaine le gaz oléfiant du butyrène; pour acquérir une entière certitude, il faut nécessairement déterminer, par les procédés eudiométriques, le volume d'oxygène que le gaz exige pour sa combustion. Cette observation s'applique également au gaz des marais.

IIIe GROUPE.

NE DONNANT AUCUN PRODUIT ACIDE PAR LA COMBUSTION.

Hydrogène.

Ce gaz est inodore lorsqu'il est pur, mais il est ordinairement mêlé à des substances étrangères qui lui communiquent une odeur alliacée; il est insoluble dans l'eau et brûle avec une flamme peu éclairante; l'eau de chaux n'est pas troublée après la combustion. L'hydrogène s'unit avec la moitié de son volume d'oxygène, sous l'influence de la mousse de platine ou de l'étincelle électrique.

Observations générales.

Lorsqu'un gaz aura été déterminé par la méthode que nous venons d'exposer, il ne faudra jamais négliger d'examiner avec soin l'ensemble de ses caractères, et même de procéder dans certains cas à une analyse eudiométrique complète.

Cette observation ne s'applique d'ailleurs qu'à la généralité des gaz, car plusieurs d'entre eux seront reconnus d'une manière certaine dès le premier essai. C'est ce qui aura lieu notamment pour le bioxyde d'azote, le chlore, le gaz sulfureux, l'hydrogène sulfuré et l'hydrogène phosphoré. On reconnaît facilement la nature de ces gaz, sans qu'il soit nécessaire de s'astreindre à aucune marche systématique.

DÉTERMINATION DU VOLUME OU DU POIDS D'UN GAZ DONT ON CONNAIT LA NATURE.

MESURE DES VOLUMES GAZEUX.

Pour mesurer le volume occupé par un gaz, on fait usage d'éprouvettes ou de tubes divisés en capacités égales, qui représentent ordinairement des centimètres cubes ou des fractions de centimètre cube. Quelquefois, cependant, on préfère une graduation en longueurs égales, en millimètres, par exemple; mais, dans ce cas, il faut avoir une table donnant la capacité en centimètres cubes correspondante à chaque division de l'échelle.

Le jaugeage du gaz se fait, dans presque tous les cas, sur le mercure. Il est important que ce métal soit aussi pur que possible, et entièrement exempt surtout de plomb et d'étain, qui ont l'inconvénient de lui communiquer la propriété de mouiller le verre et d'y adhérer. Dans certaines circonstances, cependant, les mesures du volume des gaz se font sur l'eau; mais ces déterminations, quels que soient les soins que l'on prenne, sont toujours moins exactes que lorsqu'on peut opérer sur le mercure.

Le gaz étant introduit dans le tube gradué et celui-ci plongeant, soit dans la cuve à mercure, soit dans la cuve à eau, on pourra procéder à la lecture du volume qu'il occupe, en observant les précautions que nous allons indiquer.

Avant tout, il faut avoir soin de placer le tube dans une position bien verticale, et de l'enfoncer dans la cuve d'une quantité convenable pour que le niveau du liquide soit exactement à la même hauteur dans l'intérieur et à l'extérieur de ce tube. Il est évident que, dans ces circonstances, le gaz ne supporte plus que la seule pression atmosphérique, qu'il est d'ailleurs facile de connaître, en observant avec soin la hauteur d'un bon baromètre au moment de l'expérience.

Ce procédé, presque généralement employé, comporte une exactitude suffisante pour la plupart des cas. Lorsque, cependant, on désire mesurer le volume d'un gaz avec toute l'exactitude possible, il est préférable, au lieu de faire coïncider les niveaux intérieur et extérieur du liquide qui enferme le gaz, de laisser dans l'intérieur du tube gradué une certaine colonne de mercure soulevée, et de la mesurer avec précision à l'aide d'une règle divisée ou mieux avec un cathétomètre. Dans ce cas, le gaz se trouve soumis à la pression atmosphérique diminuée de la pression d'une colonne de mercure de la longueur de celle qui est restée dans le tube. Il suffira donc pour déterminer cette pression, de retrancher la hauteur de cette colonne de mercure de la hauteur barométrique.

La température du gaz est aussi un élément nécessaire pour la mesure exacte de son volume. On prend ordinairement pour cette température, celle qui est marquée par un thermomètre placé pendant longtemps dans le voisinage du tube qui renferme le gaz. Pour que cette manière d'opérer puisse donner de bons résultats, il faut être placé dans un lieu où la température ne varie jamais d'une manière brusque. On peut aussi déterminer la température des gaz que l'on mesure, en les plongeant dans un liquide d'une température connue, assez longtemps pour qu'ils la prennent eux-mêmes.

Enfin il faut que le gaz soit parfaitement sec ou complétement saturé d'humidité ; ce n'est que dans ce dernier cas que l'on peut évaluer d'une manière certaine la tension de la vapeur d'eau et son influence sur le volume mesuré. Pour dessécher le gaz il faudra introduire dans le tube, et y laisser séjourner assez longtemps, une balle de chlorure de cacium fixée à l'extrémité d'un fil de platine ; les parois du tube doivent d'ailleurs être parfaitement sèches. S'il s'agit d'opérer sur un gaz saturé d'humidité, il suffira d'étendre une seule goutte d'eau sur les parois intérieures du tube avant d'y introduire le gaz ; cette quantité sera toujours plus que suffisante pour le saturer à la température ordinaire.

Les volumes des gaz sont fortement influencés par la pression, par la température et par la tension de la vapeur d'eau ; ces trois éléments doivent être déterminés avec exactitude, car ils sont indispensables pour que les mesures des gaz soient comparables et puissent être transformées en poids.

Lorsqu'on aura déterminé le volume d'un gaz, avec toutes les précautions que nous avons indiquées, il faudra donc le ramener aux circonstances normales de température et de pression. On est généralement convenu de prendre pour température normale celle de la glace fondante (0°), et pour pression normale, celle d'une hauteur barométrique de 760 millimètres.

Afin de bien faire ressortir toute l'importance de ces corrections, nous allons indiquer sur un exemple la manière de les effectuer.

Supposons qu'il s'agisse de ramener aux circonstances normales de température et de pression un volume de 34^{cc}, 7 d'un gaz sec, mesuré à la température de 18° centigrades et sous la pression atmosphérique de 753 millimètres de mercure.

Correction relative à la température. Les gaz se dilatent tous d'une manière uniforme pour chaque degré du thermomètre, et la dilatation qu'ils éprouvent est indépendante de leur densité. Quoique cette loi ne soit pas absolument vraie, il est sans inconvénient de la considérer comme telle dans la plupart de ses applications.

La quantité dont un volume de 1 centimètre cube de gaz augmente pour une élévation de température de 0 à 100°, est égale à $0^{cc},3665$; c'est-à-dire que 1 centimètre cube de gaz à 0° devient $1^{cc} + 03665$ ou $1^{cc}, 3665$ à 100° centigrades. Le coefficient de dilatation des gaz ou la quantité dont leur volume augmente pour chaque degré du thermomètre, sera donc :

$$\frac{0,3665}{100} = 0,\ 003665.$$

En passant de 0° à t°, par exemple, 1^{cc} de gaz deviendra :

$$1 + 0,\ 003665.\ t,$$

et pour un nombre quelconque n de centimètres cubes, nous aurons :

$$n \times (1 + 0,\ 003665.\ t).$$

Cela posé, soit V_0 le volume inconnu de notre gaz à la température de 0°, d'après ce qui vient d'être dit, ce volume sera à la température de 18°

$$V_0 \times (1 + 0,003665 \times 18),$$

et comme nous connaissons ce volume, nous avons l'équation suivante :

$$V_0 \times (1 + 0,\ 003665 \times 18) = 34^{cc},\ 7,$$

d'où nous tirons pour le volume du gaz à 0°

$$V_0 = \frac{34^{cc},7}{1 + 003665 \times 18}.$$

En effectuant les calculs, nous trouvons pour la valeur de V_0

$$32^{cc},55.$$

Si l'observation est faite au-dessous de 0°, il est clair que le volume du gaz, au lieu de diminuer, subira une augmentation lorsqu'on le ramènera à cette température. Si nous désignons toujours par V le volume observé à la température de t^o et par V_0 le volume inconnu à 0°, nous aurons :

$$V \times (1 + 0{,}003665.\,t) = V_0$$

Correction relative à la pression. — On sait, en vertu de la loi de Mariotte, que les volumes des gaz sont en raison inverse des pressions qu'ils supportent, toutes choses étant égales d'ailleurs.

D'après cela, si nous représentons par V le volume du gaz mesuré sous la pression B, et par Vn le volume normal inconnu sous la pression de 760 millimètres de mercure, nous aurons entre ces quantités, la relation suivante :

$$760 : B :: V : Vn,$$

d'où

$$Vn = \frac{B \times V}{760}.$$

Appliquons ceci à notre volume de gaz déjà corrigé de la température, volume que nous avons trouvé égal à $32^{cc},55$; la pression étant de 753 millimètres, nous avons :

$$Vn = \frac{32^{cc},55 \times 753}{760} = 32^{cc},25.$$

Lorsque, dans la mesure d'un gaz, on laisse une certaine colonne de mercure soulevée dans l'intérieur du tube, nous avons dit que la hauteur de cette colonne devait être mesurée avec soin, à l'aide d'une règle divisée. Dans ce cas, la pression barométrique observée au moment de l'expérience, devra être diminuée de la hauteur de la colonne de mercure exprimée en millimètres, et c'est le nombre ainsi obtenu, qui représentera la pression supportée par le gaz et que l'on devra faire entrer dans le calcul.

Correction relative à la tension de la vapeur d'eau. — Quand les gaz que l'on mesure sont parfaitement secs, les seules corrections que l'on devra faire subir à leur volume, sont celles qui viennent d'être indiquées; mais lorsque, ce qui arrive fréquemment, ces gaz sont saturés d'humidité, il faut de plus tenir compte de la tension de la vapeur d'eau qu'ils renferment. Cette nouvelle correction repose sur le principe suivant:

Lorsque divers gaz, sans action chimique les uns sur les autres, sont introduits dans un même espace fermé, chacun de ces gaz se répand uniformément dans tout l'espace; la force élastique du mélange gazeux est égale à la somme des forces élastiques que chaque gaz posséderait isolément, s'il remplissait à lui seul la totalité de l'espace.

Sous ce rapport, les vapeurs se comportent identiquement comme les gaz; et lorsqu'on vient à introduire un liquide volatil dans un espace rempli de gaz, ce liquide émettra exactement la même quantité de vapeur que si l'espace était complétement vide; la force élastique du mélange sera donc égale à la somme des forces élastiques des gaz et de la vapeur à son maximum de tension. Un exemple rendra ceci plus clair. Si l'on introduit une certaine quantité d'eau dans un espace de 1700 cent. cubes, déjà rempli d'air à 100° et sous la pression de 760 millimètres, il se volatilisera dans cet espace 1 gramme d'eau, c'est-à-dire, précisément la même quantité que si cet espace avait été complétement vide. Mais, la force élastique, de ce mélange d'air et de vapeur d'eau, sera égale à la force élastique de l'air, c'est-à-dire, à 760 millimètres, augmentée de celle qui correspond au maximum de la tension de la vapeur d'eau à la température de 100° et qui lui est précisément égale : elle sera, par conséquent, de deux atmosphères.

On voit, par là, que la force élastique d'un gaz saturé d'humidité n'est pas égale à celle qui est indiquée par la hauteur barométrique, au moment de l'observation; cette pression représente, d'après ce qui vient d'être dit, la somme de la force élastique du gaz et de celle de la vapeur d'eau à son maximum de tension pour la température à laquelle on opère. Il suffira donc de connaître cette tension exprimée en millimètres, et la retrancher de la pression barométrique observée, pour avoir la force élastique du gaz supposé sec.

Nous donnons, dans le Tableau suivant, la tension de la vapeur d'eau pour chaque degré du thermomètre, en nous bornant aux températures sous lesquelles on mesure habituellement les gaz.

—

TABLE

donnant

LA TENSION DE LA VAPEUR D'EAU POUR CHAQUE DEGRÉ DU THERMOMÈTRE CENTIGRADE DE 0 A 40°.

Température en degrés centigrades.	Tension en millimètres.	Température en degrés centigrades.	Tension en millimètres.	Température en degrés centigrades.	Tension en millimètres.
0	4,525	14	11,882	28	28,148
1	4,867	15	12,677	29	29,832
2	5,231	16	13,519	30	31,602
3	5,619	17	14,409	31	33,464
4	6,032	18	15,351	32	35,419
5	6,471	19	16,345	33	37,473
6	6,939	20	17,396	34	39,630
7	7,436	21	18,505	35	41,893
8	7,964	22	19,675	36	44,268
9	8,525	23	20,909	37	46,758
10	9,126	24	22,211	38	49,368
11	9,751	25	23,582	39	52,103
12	10,421	26	25,026	40	54,969
13	11,130	27	26,547		

A l'aide de cette table, il nous sera facile d'effectuer toutes les corrections relatives à la tension de la vapeur d'eau. Reprenons l'exemple de la page 28, et supposons que les 34^{cc},7 de gaz, mesurés à 18° c. et sous la pression de 753 millimètres, au lieu d'être secs, soient saturés d'humidité.

La correction relative à la température reste la même, et nous avons trouvé que le volume de gaz ramené à 0°, sans changer de pression, était de 32^{cc},55.

Avant de faire la correction relative à la pression, il nous faut chercher dans la table la force élastique de la vapeur d'eau pour le cas qui nous occupe, et la retrancher de la pression barométrique observée ; nous trouvons ainsi :

$$753^{mm} - 15,351 = 737^{mm},649.$$

Ainsi, notre gaz sec ne supporte réellement qu'une pression de $737^{m},6$, et c'est le volume gazeux supposé doué de cette force élastique, qu'il faut ramener à la pression normale. Nous aurons donc :

$$V_n = \frac{32^{cc},55 \times 737,6}{760} = 31^{cc},6.$$

Nous voyons que le volume du gaz, primitivement de $34^{cc},7$, se trouve réduit par cette série de corrections à $31^{cc},6$; il a donc subi une diminution de plus de 3^{cc}, c'est-à-dire, de près de $\frac{1}{10}$, diminution considérable et qui montre toute l'importance de ces corrections.

Formules générales pour ramener les volumes gazeux aux circonstances normales de température et de pression.

Les corrections relatives à la température, à la pression et à la tension de la vapeur d'eau que doivent subir les volumes gazeux, ne se font ordinairement pas séparément ; dans la pratique, on trouve plus commode de les effectuer toutes simultanément ; on y parviendra sans peine, à l'aide des formules que nous allons donner :

Soit, V le volume mesuré ;

B la pression barométrique au moment de l'observation ;

h la hauteur de la colonne de mercure, soulevée dans l'intérieur du tube gradué ;

t la température en degrés centigrades au moment de la lecture du volume ;

V_n le volume inconnu à 0° centigrade et sous la pression normale de 760 millimètres de mercure ;

on aura entre ces quantités la relation suivante :

$$V_n = \frac{V \times (B - h)}{760 \times (1 + 0,003665 . t)}.$$

A l'aide de cette formule, on calculera facilement le volume V_n, pour tous les cas où les mesures auront été faites sur des gaz secs et à une température supérieure à 0°.

Pour la réduction d'un volume mesuré au-dessous de 0°, on fera usage de la formule

$$V_n = \frac{V \times (B - h) \times (1 + 0,003665 . t)}{760};$$

si le gaz, au lieu d'être sec, était saturé d'humidité, il faudrait introduire dans ces formules la correction relative à la tension de la vapeur d'eau. En désignant par T cette force élastique, exprimée en millimètres, pour la température de t°, on aura :

$$V_n = \frac{V \times (B - h - T)}{760 \times (1 + 0,003665 . t)},$$

ou bien,

$$V_n = \frac{V \times (B - h - T) \times (1 + 0,003665 . t)}{760},$$

selon que la mesure du volume a été prise à une température supérieure ou inférieure à 0°.

Nous avons admis jusqu'ici, pour pression normale, celle qui est représentée par une colonne de mercure de 760 millimètres de hauteur ; et c'est en effet à cette pression que doivent toujours être ramenés les volumes des gaz que l'on doit ensuite convertir en poids: car, les densités des gaz sont toutes calculées pour cette pression et pour la température de 0°. Mais il est évident que, lorsque dans une analyse on n'a en vue que la comparaison des volumes, on pourra prendre pour pression normale telle autre pression que l'on voudra; aussi, quelques expérimentateurs adoptent-ils dans ce cas pour pression normale, celle qui est mesurée par une colonne de mercure de 1000 millimètres; ce nombre présente, en effet, l'avantage de simplifier les calculs.

Lorsque c'est à cette pression qu'il s'agira de ramener les volumes gazeux, il suffira de remplacer par 1000 le nombre 760 des formules précédentes.

DÉTERMINATION DU POIDS DES GAZ.

Lorsqu'on aura ramené à 0° et sous la pression normale de 760 millimètres, le volume d'un gaz dont on connaît la nature, il suffira, pour convertir ce volume en poids, de connaître la densité de ce gaz, ou, ce qui revient au même, le poids du litre déduit de cette densité.

Supposons qu'il s'agisse de déterminer le poids de $123^{cc},6$ de gaz azote sec, à 0° et $0^{m},760$.

La densité du gaz azote, rapportée à celle de l'air prise pour unité, est 0,9713; le poids du litre d'air pesant $1^{gr},2932$, nous aurons pour le poids du litre d'azote

$$1^{gr},2932 \times 0,9713 = 1^{gr},2562.$$

Puisque 1 litre de gaz azote pèse $1^{gr},2562$, 1 cent. cube pèsera $0^{gr},0012562$; dès-lors nous aurons pour le poids de $123^{cc},6$ de gaz azote

$$123,6 \times 0^{gr},0012562 = 0^{gr},1553.$$

Le poids d'un volume quelconque de tout autre gaz se déterminerait absolument de la même manière.

Dans le Tableau suivant, on trouvera les densités ainsi que les poids absolus des gaz qui se présentent le plus fréquemment dans les analyses.

POIDS SPÉCIFIQUES ET ABSOLUS DES PRINCIPAUX GAZ.

NOMS DES GAZ.	DENSITÉ celle de l'air étant prise pour unité.	POIDS DU LITRE à 0° c. et 760mm de pression.
		Gr.
Hydrogène	0,0692	0,0896
Gaz des marais	0,5560	0,7190
Ammoniaque	0,5960	0,7707
Oxyde de carbone	0,9670	1,2504
Azote	0,9713	1,2562
Gaz oléfiant	0,9784	1,2653
Air atmosphérique	1,0000	1,2932
Oxygène	1,1056	1,4298
Gaz sulfhydrique	1,1912	1,5405
Gaz chlorhydrique	1,2474	1,6127
Protoxyde d'azote	1,5270	1,9740
Gaz carbonique	1,5290	1,9770
Cyanogène	1,8064	2,3360
Gaz sulfureux	2,2340	2,8890
Chlore	2,4400	3,1554

ANALYSE DES MÉLANGES GAZEUX.

Gaz incompatibles.

Avant de commencer l'analyse des mélanges gazeux, il y a une remarque à faire : c'est que parmi tous les gaz qui ont été énumérés, et dont nous avons étudié les principaux caractères, beaucoup se détruisent mutuellement et sont, par conséquent, incompatibles entre eux. Tous ces gaz ne peuvent donc jamais exister à la fois dans un seul et même mélange.

Il résulte de là que, lorsqu'on s'est assuré de la présence de certains gaz dans un mélange, il faut connaître quels sont les gaz incompatibles avec ceux déjà trouvés, afin de n'avoir pas à se livrer à des recherches inutiles.

Ainsi, la présence de l'oxygène dans un mélange exclut nécessairement celle du bi-oxyde d'azote; sous l'influence de l'humidité, ce gaz détruit également : les hydrogènes phosphoré, arsenié, sulfuré, telluré et sélénié, les acides bromhydrique, iodhydrique et même à la longue l'acide chlorhydrique; enfin, dans ces circonstances, il transforme le gaz sulfureux en acide sulfurique.

Le chlore est également incompatible avec un grand nombre de gaz; il se combine directement à l'oxyde de carbone pour former le gaz chloroxycarbonique, et il transforme le gaz oléfiant en liqueur des Hollandais; il détruit les hydrogènes phosphoré et arsenié, et se combine directement à l'hydrogène sous l'influence de la lumière solaire. Les gaz sulfureux, sulfhydrique, sélenhydrique et tellurhydrique; les acides bromhydrique et iodhydrique; le bi-oxyde d'azote, l'ammoniaque et le cyanogène ne peuvent, dans aucun cas, exister en présence du chlore.

Ajoutons que les gaz hypochloreux, chloreux et hypochlorique produisent ordinairement les mêmes décompositions que le chlore, et que ces fluides élastiques sont eux-mêmes détruits par l'acide chlorydrique; que les gaz sulfhydrique, sélenhydrique et tellurhydrique, l'hydrogène phosphoré et l'hydrogène arsenié sont décomposés par le gaz sulfureux ; enfin, que le cyanogène ne peut exister, ni avec l'ammoniaque, ni avec les hydrogènes sulfuré, sélénié et telluré, et que l'hydrogène phosphoré s'unit directement aux acides iodhydrique et bromhydrique.

Il est superflu de rappeler que les gaz alcalins, l'ammoniaque et la méthammine ne peuvent exister avec aucun gaz doué de propriétés acides.

EUDIOMÉTRIE.

Sous l'influence de l'étincelle électrique, 1 volume d'oxygène se combine rigoureusement à 2 volumes d'hydrogène pour former de l'eau qui se condense. Dans un grand nombre de cas, cette propriété peut être mise à profit pour la détermination quantitative de l'un ou de l'autre de ces gaz, faisant partie d'un mélange ; il suffira, en effet, de mesurer exactement la diminution du volume, ou *absorption*, produite par le passage de l'étincelle électrique ; le $\frac{1}{3}$ de cette absorption sera le volume de l'oxygène, et les $\frac{2}{3}$ représenteront celui de l'hydrogène.

Ce procédé d'analyse s'applique également à la détermination de la plupart des gaz combustibles, notamment à celle de l'oxyde de carbone et des hydrocarbures. En présence de l'oxygène, et sous l'influence de l'étincelle électrique, l'oxyde de carbone se transforme en gaz carbonique ; les divers hydrogènes carbonés donnent non-seulement ce gaz, mais encore de la vapeur aqueuse qui se condense. Pour calculer la quantité de chacun de ces gaz qui existe dans un mélange donné, il faut donc connaître le volume d'oxygène consommé et les volumes de gaz carbonique et de vapeur d'eau produits par la combustion ;

voici ces quantités pour trois gaz qui entrent fréquemment dans la composition de certains mélanges gazeux :

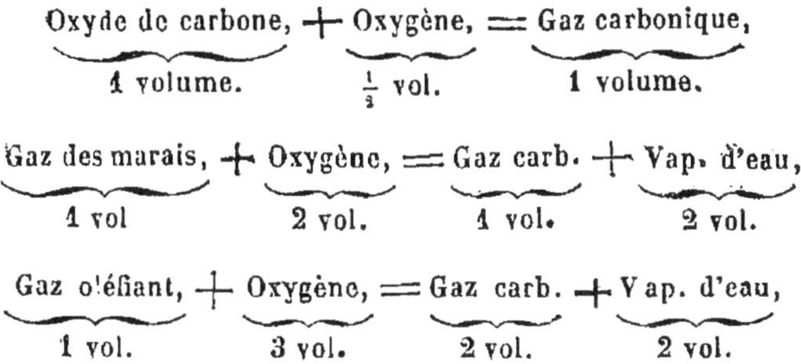

Le procédé analytique, dont il vient d'être question, s'exécute dans un appareil qui porte le nom d'*eudiomètre*.

L'eudiomètre le plus simple et le plus usité est formé d'un tube de verre aussi cylindrique que possible, dont la longueur est de 60 centimètres et le diamètre intérieur de 2 centimètres environ ; l'épaisseur du verre ne doit pas dépasser 1 $\frac{1}{2}$ millimètre. A l'extrémité supérieure de ce tube, qui doit être fermée à la lampe, sont solidement soudés, en regard l'un de l'autre, deux fils de platine qui pénètrent dans le tube, et se replient contre sa surface intérieure, de telle sorte que leurs extrémités soient à son sommet à une distance de 3 millimètres, distance qui peut être aisément franchie par l'étincelle électrique.

Ce tube eudiométrique doit être calibré avec le plus grand soin, et porter dans toute sa longueur une graduation en capacités égales. On peut aussi le diviser en longueurs égales, en millimètres, par exemple, et inscrire dans une table les capacités correspondantes à chacune des divisions.

L'eudiomètre que nous venons de décrire, peut donner entre les mains d'un expérimentateur habile, des résultats d'une précision qui ne le cède en rien à celle des meilleures méthodes analytiques.

L'analyse eudiométrique des divers mélanges gazeux se compose de deux opérations distinctes : la séparation des gaz absorbables au moyen de certains réactifs, et la détermination des gaz combustibles par leur combustion avec l'oxygène. Nous venons de décrire cette seconde opération et l'instrument à l'aide duquel elle s'exécute ; il nous reste maintenant à parler des réactifs absorbants.

EMPLOI DES RÉACTIFS ABSORBANTS.

Bien qu'il existe beaucoup de corps qui absorbent, facilement et d'une manière complète, le gaz carbonique, sulfureux et plusieurs autres, le nombre de ceux qui conviennent à l'analyse eudiométrique est fort limité. Les dissolutions des réactifs sont surtout impropres pour ce genre d'analyse. Leur propriété dissolvante à l'égard de la plupart des gaz ; la difficulté que l'on éprouve de les retirer du tube eudiométrique après l'absorption ; les vapeurs qu'elles émettent en quantité plus ou moins considérable selon leur concentration, et dont la tension n'est pas connue avec exactitude ; enfin l'impossibilité de mesurer avec précision un volume gazeux au-dessus d'un liquide qui mouille le verre, sont autant de causes d'erreur qui doivent faire renoncer à l'emploi des réactifs en dissolution.

Aussi ne doit-on faire usage que de substances qui possèdent la qualité essentielle, de n'occuper qu'un très-petit volume, et de pouvoir être introduites dans le tube eudiométrique, ou en être retirées avec facilité.

La forme qu'il convient le mieux de donner à ces substances, est celle de petites boules fixées à l'extrémité d'un fil de platine. On confectionne aisément des boules de potasse, de phosphore, de chlorure de calcium et de plusieurs autres réactifs, à l'aide d'un moule à balles.

La séparation des gaz absorbables et la combustion ne se font pas dans le même tube; toutes les absorptions doivent être effectuées dans un tube gradué, d'environ 20 centimètres de longueur, semblable à celui que l'on emploie pour la mesure des volumes gazeux et qui a été décrit précédemment.

Nous devons rappeler, en terminant ces généralités, que tous les volumes gazeux mesurés dans le cours d'une analyse eudiométrique, doivent être ramenés aux circonstances normales de température et de pression; que les gaz doivent être parfaitement secs ou complétement saturés d'humidité, et que, dans ce dernier cas, on aura à faire subir au volume gazeux la correction relative à la tension de la vapeur aqueuse.

ANALYSE DU GAZ DE L'ÉCLAIRAGE.

Les gaz de l'éclairage qui provient de la distillation de la houille, contient : de l'hydrogène, du gaz des marais, de l'oxyde de carbone, du gaz carbonique, du gaz oléfiant et de l'air atmosphérique; il renferme, en outre, des vapeurs de phénol, de naphtaline, de benzine et de quelques autres hydrocarbures, mais nous le supposerons privé de ces derniers produits, dont on peut toujours le débarrasser par l'agitation avec de l'huile d'olive. Nous admettrons aussi qu'il soit exempt d'hydrogène sulfuré, de sulfure de carbone et d'ammoniaque que l'on rencontre souvent dans le gaz non purifié. La méthode analytique que nous allons indiquer, ne s'applique donc qu'à la partie gazeuse proprement dite.

MESURE DU VOLUME.

On introduit dans le tube à absorption (préalablement rempli de mercure, avec toutes les précautions convenables pour qu'il n'y reste pas les moindres traces d'air), une quantité de gaz telle qu'elle occupe une longueur de 100 à 130 millimètres. Lorsque l'appareil est suffisamment refroidi, on procède, à l'aide d'une lunette, à la lecture du niveau supérieur de la colonne de mercure; on observe en même temps la température d'un thermomètre placé à côté du tube gradué; enfin on détermine la pression barométrique et la hauteur de la colonne de mercure au-dessus du niveau extérieur. On a soin d'inscrire toutés ces observations, en y joignant la remarque que le volume gazeux auquel elles se rapportent, est primitivement saturé de vapeur d'eau.

ABSORPTIONS.

1. *Détermination du Gaz carbonique.*

On absorbe le gaz carbonique à l'aide d'une boule de potasse, que l'on a soin d'humecter pour rendre son action plus rapide (1). Cette absorption terminée, on mesure le résidu gazeux, qui est complétement desséché et doit être noté comme tel.

(1) Dans ces opérations l'extrémité libre du fil de platine qui sert de support à la boule absorbante, ne doit jamais sortir de la cuve et pénétrer dans l'atmosphère; si l'on néglige cette précaution une petite quantité d'air peut pénétrer dans le tube et altérer la composition du mélange.

2. *Détermination du gaz oléfiant.*

Pour la séparation du gaz oléfiant, qui doit suivre celle du gaz carbonique, on fait un mélange d'environ parties égales d'anhydride sulfurique et d'acide sulfurique fumant. Une boule de coke poreux, imprégnée de ce mélange et fixée à un fil de platine, est ensuite introduite dans le tube à absorption; elle doit rester, pendant plusieurs heures, en contact avec le gaz.

Il est difficile, dans ce cas, de reconnaître la fin de l'absorption; car, au lieu d'une diminution de volume, c'est, en général, une augmention que l'on observe par suite du gaz sulfureux et des vapeurs d'anhydride sulfurique que dégage le réactif. Cependant, lorsque, après un séjour de plusieurs heures dans l'appareil, une de ces boules répand encore des fumées blanches au contact de l'atmosphère, on peut être certain que la totalité du gaz oléfiant a été absorbée. Mais, avant de mesurer le résidu, il faut nécessairement le débarrasser du gaz sulfureux et des vapeurs d'anhydride sulfurique; on parvient à ce double résultat, à l'aide d'une boule de peroxyde de manganèse. Cette absorption terminée, on mesure le résidu qui est absolument sec.

3. *Détermination de l'oxygène.*

On passe alors à la détermination de l'oxygène, que l'on absorbe avec une boule de phosphore. Cette absorption ne marche bien, qu'en plaçant l'appareil dans un lieu chaud; lorsqu'elle est terminée, il faut enlever les vapeurs de phosphore au moyen d'une boule de potasse, et mesurer le volume gazeux sec qui reste dans le tube.

Ces absorptions terminées, il faudra corriger les volumes observés de l'influence de la température, de la pression et de la tension de la vapeur aqueuse ; on y parviendra à l'aide des formules générales qui ont été données précédemment. Les résultats de l'observation et ceux du calcul pourront alors être exposés de la manière suivante :

	Vol. observé = V.	Température = t^0 C.	Barom. = B.	Hauteur de la colonne de mercure au-dessus de la cuve = h.	Volume sec à 0° C. et sous une pression de 1000mm = V_n.
			mm	mm	
Volume primitif humide).	132,6	16,4	756,3	71,8	83,88
Volume après absorption du gaz carbonique (sec).	127,7	16,4	756,1	77,2	81,78
V. après absorpt. du gaz oléfiant (sec).	121,3	16,3	756,0	83,6	76,97
V. après absorpt. de l'oxygène (sec).	114,7	16,3	756,0	89,9	74,26

Si l'on compare entre eux les volumes corrigés de la dernière colonne, on voit que 83,88vol. du gaz de l'éclairage soumis à l'analyse, contiennent : 2,10 v. = 2,50 pour 100 de gaz carbonique ; 4,41 v. = 5,73 pour 100 de gaz oléfiant ; 2,71 v. = 3,23 pour 100 d'oxygène ; et enfin 74,26 v. = 88,54 pour 100 d'azote et de gaz combustibles.

COMBUSTIONS.

La composition du mélange gazeux laissé par les divers réactifs absorbants dont nous avons fait usage, doit maintenant être déterminée par la combustion avec l'oxygène dans le grand tube eudiométrique. Ce résidu est composé d'azote, d'hydrogène, d'oxyde de carbone et de gaz des marais. Pour arriver à la connaissance de la quantité de chacun de ces gaz, nous aurons à faire les quatre déterminations suivantes ;

1. Le volume de l'azote ;
2. La somme des gaz combustibles ;
3. L'oxygène consommé par la combustion ;
4. Le gaz carbonique produit par la combustion.

Connaissant ces quantités, il sera facile de calculer le volume inconnu de chacun des trois gaz combustibles qui font partie du mélange. Il suffira de se rappeler que l'hydrogène et l'oxyde de carbone exigent l'un et l'autre la moitié de leur volume d'oxygène pour leur combustion complète, et que le gaz des marais en consomme un volume double du sien ; en second lieu, que le gaz des marais et l'oxyde de carbone produisent par la combustion leur propre volume de gaz carbonique. — Désignons par A le volume des gaz combustibles, par B l'oxygène consommé, et par C le volume de gaz carbonique produit; représentons, en outre, par x, y et z les volumes inconnus d'hydrogène, d'oxyde de carbone et de gaz des marais; nous aurons les trois équations suivantes :

$$x + y + z = A,$$
$$\tfrac{1}{2} x + \tfrac{1}{2} y + 2z = B,$$
$$y + z = C;$$

d'où nous tirons, pour la valeur des inconnues :

$$x = A - C,$$
$$y = \frac{2B - A}{3};$$
$$z = C - \frac{(2B - A)}{3}.$$

Les trois quantités A, B et C, ainsi que le volume de l'azote, doivent être déterminés par l'observation. A cet effet, on introduit dans le tube eudiométrique rempli de mercure et dont les parois intérieures ont été préalablement humectées avec une goutte d'eau, un volume de gaz suffisant pour occuper un espace de 120 à 150 millimètres au-dessus de la colonne de mercure. Après avoir mesuré ce volume avec le plus grand soin, on le mélange avec environ le double de son volume d'oxygène parfaitement pur et obtenu par la décomposition du chlorate de potasse fondu. Le nouveau volume, ainsi obtenu, ne doit être mesuré qu'une heure et demie après l'introduction de l'oxygène.

Afin d'éviter qu'au moment de l'explosion une partie du gaz ne soit projetée hors du tube eudiométrique, [on ferme celui-ci en le pressant sur une forte plaque de caoutchouc humecté] d'une dissolution de sublimé corrosif.

Après la combustion, on laisse le mercure entrer lentement dans l'eudiomètre, et l'on procède ensuite à la lecture du volume.

Le gaz carbonique formé par la combustion est absorbé par une boule de potasse légèrement humectée, et déterminé par la diminution du volume.

Le résidu ne renferme plus alors que l'azote et de l'oxygène non employé; on détermine la quantité de celui-ci en le faisant détoner avec de l'hydrogène. Il est de la plus haute importance que l'hydrogène soit absolument pur; aussi, ne fait-on usage, dans ces sortes d'expériences, que de celui qui provient de la décomposition de l'eau par la pile. On introduit un excès de ce gaz dans le tube eudiométrique, et, après avoir observé avec soin le volume total, on donne lieu à l'explosion par le passage de l'étincelle électrique ; on mesure enfin la diminution de volume, lorsqu'on juge l'appareil suffisamment refroidi. Passons maintenant aux calculs de l'analyse et à l'exposition des résultats.

	Vol. observé = V.	Température = t^{o} c.	Baromètre = B.	Hauteur de la colonne de mercure au-dessus de la cuve = h.	Vol. sec à 0° c. et sous la pression de 1000 mm = V^{n}.	
Vol. introduit dans l'eudiom. (humide).	149,6	16,0	mm 756,1	mm 423,6	45,08	(1)
Après addition d'oxygène (humide).	280,1	16,2	756,2	311,7	113,91	(2)
Après la comb. (humide).	205,7	16,1	756,2	307,1	72,94	(3)
Après absorpt. du gaz carboniq. (sec).	163,6	16,1	756,4	409,4	53,61	(4)
Après addition de l'hydrog. (sec).	328,7	16,0	756,5	242,9	159,48	(5)
Après la comb. (humide).	136,3	16,0	756,5	436,7	39,44	(6)

Tout l'oxygène qui se trouvait dans le résidu gazeux, après l'absorption du gaz carbonique (4), est entré en combinaison avec l'hydrogène en excès dans la combustion suivante, et équivaut par conséquent au tiers de la diminution de volume ; on a donc :

$$\frac{159,48 - 39,44}{3} = 40,01^{\text{vol.}} \text{ de gaz oxygène.}$$

La différence

$$53,61 - 40,01 = 13,^{\text{vol.}}60$$

doit donc exprimer la proportion d'azote.

Si l'on retranche cette quantité d'azote du volume primitif (1), on obtiendra la valeur de A=31, 48 v., qui représente, dans les formules, le volume total des gaz combustibles.

La quantité d'oxygène ajoutée au mélange gazeux s'obtient en retranchant le vol. (1) du vol. (2) ; elle est égale à 68,83 v. Nous venons de trouver que l'oxygène non employé après la première combustion, était représenté par 40,01 v. ; par conséquent, l'oxygène consommé par les gaz combustibles est égal à 28,82 v. Quant au gaz carbonique produit, on l'obtient par la différence des volumes (3) et (4) :

72,94 — 53,61 = 19,33 v. de gaz carbonique.

Ainsi, la somme des gaz combustibles A = 31,48;
l'oxygène consommé par ces gaz B = 28,82;
le gaz carbonique produit C = 19,33.

Introduisons maintenant ces valeurs dans les formules trouvées plus haut (page 46), dans lesquelles x, y et z représentent les volumes inconnus d'hydrogène, de gaz des marais et d'oxyde de carbone, et nous obtiendrons pour ces gaz les résultats suivants :

$$x = 31,48 - 19,33 \qquad = 12,15$$

$$y = \frac{2 \times 28,82 - 31,48}{3} = 8,72$$

$$z = 19,33 - \frac{(2 \times 28,82 - 31,48)}{3} = 10,61$$

Le volume d'azote trouvé = 13,60

Somme...... 45,08

Si, à l'aide de ces résultats, nous calculons quelles

sont les quantités d'azote, d'hydrogène, de gaz des marais et d'oxyde de carbone qui existent dans les 88,34 v. de gaz non absorbé par l'emploi des réactifs, nous obtiendrons les nombres suivants, pour la composition centésimale et en volume du gaz de l'éclairage soumis à l'analyse :

Gaz carbonique.........	2,50
Gaz oléfiant............	5,73
Oxygène...............	3,23
Azote..................	26,71
Hydrogène.............	23,86
Gaz des marais..........	17,13
Oxyde de carbone.......	20,84
	100,00

Le procédé analytique qui vient d'être exposé pour l'analyse des gaz combustibles, n'est pas limité aux mélanges qui contiennent les trois fluides élastiques que nous avons considérés ; on pourra, par la même méthode, analyser des mélanges d'une toute autre nature, il suffira de faire usage de formules qui s'adaptent à ces cas.

—

ANALYSE DE L'AIR ATMOSPHÉRIQUE.

L'air atmosphérique est un mélange gazeux essentiellement formé d'oxygène et d'azote ; il renferme, en outre, toujours une petite quantité de gaz carbonique et de vapeur d'eau. Dans bien des circonstances, néanmoins, l'air peut renfermer accidentellement quelques autres fluides élastiques, notamment de l'ammoniaque, de l'hydrogène sulfuré et du gaz des marais qui se dégage des salines et des houillères. Des matières solides et liquides peuvent également exister en suspension dans l'atmosphère : ainsi, dans le voisinage de la mer, on trouve dans l'air une certaine quantité d'eau chlorurée, et, en général, près d'une masse d'eau considérable, l'air renferme presque toujours les matières que cette eau tient en dissolution. Mais nous n'avons pas à considérer ici la présence de ces diverses substances ; nous bornerons l'analyse à la détermination des quatre fluides élastiques cités plus haut, et qui constituent uniquent l'atmosphère dans les circonstances normales.

Détermination du gaz carbonique et de la vapeur aqueuse. Ces deux principes existent toujours en faible quantité dans l'atmosphère, et leur détermination ne peut se faire avec exactitude que sur un volume d'air considérable. La meilleure manière d'opérer consiste à faire passer, à l'aide d'un aspirateur, 50 à 100 litres d'air, d'abord dans des tubes contenant de la pierre ponce imbibée d'acide sulfurique concentré et qui retiennent toute la vapeur d'eau, puis dans des tubes à potasse caustique qui absorbent d'une manière complète le gaz carbonique. Connaissant le poids de chacune de ces séries de tubes avant l'expérience, et le déterminant une seconde fois lorsqu'elle est terminée, l'augmentation de poids donnera rigoureusement les quantités de gaz carbonique et de vapeur aqueuse contenues dans le volume d'air soumis à l'analyse, et qui doit être déterminé avec précision.

Détermination de l'oxygène et de l'azote. Le dosage de l'oxygène peut être fait à l'aide de plusieurs réactifs absorbants. Le phosphore convient très-bien pour ces analyses ; à une température de 35° C. environ, il absorbe complétement l'oxygène. On peut aussi faire usage du protochlorure de cuivre ammoniacal, dont l'action est très-rapide. Mais de toutes les manières de déterminer l'oxygène, celle qui consiste à faire détoner ce gaz avec de l'hydrogène, est sans contredit celle qui fournit les résultats les plus exacts. Il faudra seulement n'employer que de l'hydrogène parfaitement pur, tel qu'on l'obtient en décomposant l'eau par la pile, et ne négliger aucune des précautions que nous avons indiquées avec détail dans l'analyse du gaz de l'éclairage. Ce procédé donne alors la composition de l'air atmosphérique avec autant d'exactitude que les deux méthodes suivantes, qui sont beaucoup plus compliquées et qui exigent des appareils volumineux et fort dispendieux.

Méthode de M. Brunner. Cette méthode est fondée sur la propriété dont jouit le phosphore en combustion d'absorber instantanément l'oxygène de l'air, sans en laisser échapper les moindres traces. Le phosphore est placé dans un tube pesé avant et après l'expérience, et dans lequel on fait passer tout l'air à analyser, à l'aide d'un aspirateur rempli d'huile. On détermine la combustion du phosphore, en chauffant le tube avec la flamme d'une lampe à esprit de vin ; elle se continue ensuite d'elle-même pendant toute la durée de l'opération. L'augmentation de poids du tube à phosphore donnera le poids de l'oxygène, qu'il sera facile de transformer en volume, puisqu'on connaît exactement la densité de ce gaz. Quant à l'azote, son volume est donné par celui de l'huile écoulée ; on observera la pression barométrique et la température du thermomètre placé dans l'aspirateur, et on ramènera ce volume aux conditions normales de température et de pression.

Méthode de MM. Dumas et Boussingault. Dans ce procédé l'oxygène et l'azote sont l'un et l'autre déterminés par la balance ; on exclut ainsi toute appréciation de volume dans l'analyse de l'air atmosphérique.

L'oxygène est absorbé par du cuivre métallique porté à une haute température. Ce métal, obtenu en réduisant par l'hydrogène la tournure grillée, est placé dans un tube que l'on met en communication, à l'aide d'un robinet, avec un ballon dans lequel on a fait le vide. Lorsque le tube est chauffé jusqu'au rouge sombre, on détermine l'aspiration de l'air en ouvrant avec précaution le robinet du ballon vide. L'air, en passant sur le cuivre incandescent, lui abandonne la totalité de son oxygène, et le ballon finit par se remplir de gaz parfaitement pur. Afin de n'introduire dans l'appareil que de l'air sec et privé de gaz carbonique, l'extrémité postérieure du tube doit être en communication avec une série de tubes renfermant, les uns, de la potasse caustique, et les autres, de la pierre ponce imbibée d'acide sulfurique.

Après le refroidissement de l'appareil, on pèse séparément le tube et le ballon. L'augmentation de poids du premier fournit la quantité d'oxygène ; la différence entre le poids du ballon vide et du ballon rempli d'azote, donne le poids de l'azote contenu dans l'air analysé.

En appliquant à l'analyse de l'air atmosphérique les diverses méthodes que nous venons de passer en revue, on trouve entre les résultats obtenus une entière concordance, et l'on démontre l'invariabilité du rapport de l'oxygène à l'azote. Voici la composition de l'air en volumes :

	Air humide	Air sec
Azote...........	78,492	79,1570
Oxygène........	20,627	20,8013
Gaz carbonique..	0,041	0,0417
Vapeur d'eau....	0,840	» »
	100,000	100,0000

Connaissant la densité de chacun de ces gaz, il sera facile de passer de la composition en volume à la composition en poids ; on trouverait alors que 100 parties d'air atmosphérique contiennent 23,01 parties d'oxygéne et 76,99 de gaz azote.

ANALYSE D'UN MÉLANGE D'OXYGÈNE ET DE PROTOXYDE D'AZOTE.

On chauffera un volume déterminé de ce mélange, avec du sulfure de baryum, dans une cloche courbe ; l'oxygène libre, ainsi que celui qui est combiné à l'azote, sera complétement absorbé. Cela fait, on mesurera le résidu d'azote, dont le volume est précisément égal à celui du protoxyde d'azote qui existait dans le mélange.

Cette analyse peut aussi se faire à l'aide du phosphore.

ANALYSE D'UN MÉLANGE DE GAZ SULFUREUX ET DE GAZ CARBONIQUE.

Le gaz sulfureux est très-bien absorbé par le peroxyde de manganèse, avec lequel il forme du sulfate et de l'hyposulfate de manganèse, tandis que le gaz carbonique n'est nullement attaqué par ce réactif. Pour faire cette analyse il suffira donc d'introduire, dans un volume mesuré du mélange, une boule de peroxyde de manganèse fixée à l'extrémité d'un fil de platine, et de mesurer le résidu de gaz carbonique lorsque l'absorption est terminée.

ANALYSE D'UN MÉLANGE D'AZOTE, DE BI-OXYDE D'AZOTE ET DE GAZ CARBONIQUE.

On déterminera d'abord le gaz carbonique en l'absorbant par la potasse. La composition du résidu, qui ne contient plus que de l'azote et du bi-oxyde d'azote, pourra être déterminée par trois procédés différents :

1° Le bi-oxyde d'azote pourra être absorbé par une dissolution concentrée de sulfate ferreux. La diminution de volume exprimera la quantité de bi-oxyde d'azote qui existait dans le mélange. Le résidu sera de l'azote pur.

2° On pourra enlever au bi-oxyde d'azote tout son oxygène par les corps qui en sont avides. Pour apprécier la quantité de ce gaz, il suffira de se rappeler qu'il laisse un résidu d'azote égal à la moitié de son propre volume.

3° Enfin, la détermination du bi-oxyde d'azote pourra aussi se faire d'une manière très-exacte dans l'eudiomètre, par la détonation avec l'hydrogène. Dans ce cas aussi, la condensation représentera la moitié du volume du bi-oxyde d'azote.

OBSERVATIONS.

En terminant cette étude analytique des gaz, il nous reste à faire une remarque importante. Nous avons vu que, lorsqu'un mélange renferme des gaz combustibles ou de l'oxygène, l'analyse se fait par combustion sous l'influence de l'étincelle électrique ; mais cette méthode n'est exacte que lorsque les gaz comburants et combustibles se trouvent compris entre certaines limites.

Ainsi, lorsque le volume d'azote que contient un mélange gazeux est très-considérable, par rapport à celui des gaz combustibles, il peut arriver que la combustion soit incomplète et même que l'étincelle électrique ne détermine plus du tout l'inflammation. On obvie à cet inconvénient, en ajoutant au mélange une certaine quantité de gaz détonant (2 vol. d'hydrogène et 1 d'oxygène), que l'on se procure facilement en décomposant l'eau par la pile.

Le cas inverse se présente également. On peut avoir des mélanges très-riches en gaz combustibles et ne contenant que quelques centièmes d'azote. Dans ces circonstances, la combustion est complète; mais, outre l'eau et le gaz carbonique qui devraient être les seuls produits de la détonation, il se forme aussi de l'acide nitrique, ou plutôt du nitrate mercureux, par suite d'une trop forte élévation de température. On fera donc une fausse estimation de l'oxygène consommé par les gaz combustibles, puisqu'une partie aura servi à l'oxydation de l'azote. On évite cette seconde cause d'erreur, en étendant le mélange explosif d'une certaine quantité d'air atmosphérique et tenant compte de l'oxygène qu'il renferme. Par là on abaisse suffisamment la température qui se développe au moment de la combustion, pour empêcher toute volatilisation de mercure et rendre impossible la combinaison directe de l'azote et de l'oxygène.

—

DEUXIÈME PARTIE.

RÉACTIONS.

RÉACTIFS ET PRÉCIPITATIONS.

On donne le nom de *réactif* à tout agent susceptible de séparer un corps, sous la forme solide ou liquide, de ses dissolutions. Cette séparation peut d'ailleurs avoir lieu par des métamorphoses chimiques, ou être due à une action purement mécanique. Le corps ainsi séparé, qu'il se dépose au fond du vase, ou que, suivant sa densité, il vienne nager à la surface du liquide, porte d'une manière générale le nom de *précipité.*

Des agents de précipitation bien connus sont, pour le calcium et le baryum, les dissolutions des sulfates et des carbonates; pour l'argent, l'acide chlorhydrique, etc. Selon qu'un sel barytique en dissolution sera versé dans un liquide contenant de l'acide sulfurique, ou que ce dernier sera ajouté au premier, l'un ou l'autre de ces corps deviendra l'agent de précipitation. On donne toujours le nom de réactif au corps ajouté au liquide dont on veut séparer une des parties.

Il est, en général, indifférent pour le résultat final de la précipitation, si l'on verse un liquide A dans un liquide B ou inversement B dans A. Cependant, dans des cas particuliers, les précipités formés peuvent être assez différents. Ainsi, par exemple, lorsqu'on précipite un sel de cuivre par du cyanoferrure de potassium, on obtient un précipité de cyanoferrure de cuivre; mais si, au contraire, on verse goutte à goutte et en ayant soin de remuer la liqueur, une dissolution cuprique dans du cyanoferrure de potassium, le précipité brun-rougeâtre qui prend naissance, est un sel double formé de cyanoferrure de potassium et de cyanoferrure de cuivre.

Diverses circonstances peuvent, dans certains cas, avoir de l'influence sur l'aspect du précipité. Les nuances du jaune de chrôme, par exemple, varient avec la température des liqueurs et leur acidité plus ou moins grande.

L'action des agents de précipitation peut s'exercer en vertu de causes différentes. En général, cependant, la formation des précipités s'effectue par la double décomposition des corps qui sont mis en présence, et qui obéissent alors aux lois de Berthollet. Dans des cas assez rares, une précipitation peut avoir lieu par la combinaison directe du réactif avec le corps qu'il s'agit de séparer d'une liqueur. Très-fréquemment des précipitations métalliques sont déterminées par l'action d'un courant galvanique sur les dissolutions salines.

Des précipités peuvent également se former par un changement brusque dans les affinités des corps dissous, et sans que l'on fasse intervenir un réactif. Cela arrive, par exemple, par la seule influence de la chaleur, lorsqu'on soumet une dissolution d'acétate ferrique à l'ébullition. Dans ce cas, la chaleur elle-même peut être considérée comme l'agent de précipitation.

A une autre sorte de précipitations appartiennent les dépôts de tufs calcaires, si abondants dans la nature, et qui se forment par l'évaporation du gaz carbonique qui tient le carbonate calcique en dissolution dans l'eau.

Des agents de précipitation dont l'action est toute

particulière, sont certains corps poreux, notamment le charbon animal. Cette matière peut, en effet, déterminer la formation de précipités, par la seule attraction exercée par sa surface sur un nombre assez considérable de substances. La décoloration des vins rouges, la purification des sucres bruts à l'aide du noir animal, sont dues à des précipitations de cette nature.

L'aspect extérieur sous lequel se présentent les précipités est très-variable, les formes qu'ils affectent sont fort différentes; on peut cependant toujours les classer assez exactement parmi l'une des suivantes:

1° La *forme pulvérulente* (carbonate calcique, carbonate plombique);
2° La *forme cristalline* (oxalate calcique, bi-tartrate potassique, fluosilicate barytique);
3° La *forme floconneuse* (hydroxyde ferrique);
4° La *forme caséeuse* (chlorure d'argent);
5° La *forme gélatineuse* (acide silicique).

Lorsque les dissolutions sont très-étendues, les faibles précipités que l'on y détermine ne se déposent pas immédiatement et ne se manifestent d'abord que par un *trouble* de la liqueur.

Quelques précipités, et notamment ceux qui sont cristallins, présentent la particularité de ne pas se former immédiatement par le mélange des liqueurs qui doivent leur donner naissance, surtout lorsqu'elles sont étendues. Mais ils ne tardent pas à apparaître, comme cela a lieu pour la bi-tartrate potassique et le fluosilicate barytique, lorsqu'on agite fortement la liqueur avec une baguette de verre. D'autres corps, tels que le chlorure d'argent précipité d'une liqueur étendue et le sulfate de baryte, ont une tendance à se déposer en poudres tellement ténues, qu'elles passent en partie à travers les filtres, et rendent la liqueur laiteuse, lorsqu'on procède sans précaution particulière à cette filtration. Mais il est facile d'obvier à cet inconvénient. En général, on abandonne au repos la liqueur trouble pendant un laps de temps assez considérable, et surtout dans une enceinte dont la température est un peu élevée. Pour le chlorure d'argent, il suffit d'agiter fortement la liqueur avec une baguette de verre; on détermine par là la réunion des petites particules en un précipité caséeux. Enfin, certains corps ne doivent pas être précipités directement par l'addition des réactifs; le sulfate de baryte, par exemple, doit toujours être précipité d'une liqueur chaude et acidifiée par l'acide chlorhydrique.

I. CARACTÈRES ANALYTIQUES DES GENRES SALINS.

SÉRIE DE L'OXYGÈNE.

Oxydes. — Peroxydes.

Les oxydes des métaux nobles, ainsi que les peroxydes en général, dégagent par la calcination de l'oxygène libre, facile à reconnaître à la propriété dont jouit ce gaz, de rallumer avec vivacité une allumette présentant encore un point en ignition. D'autres oxydes, mélangés avec du charbon et soumis à une haute température, sont réduits à l'état métallique avec dégagement des gaz carbonique ou oxyde de carbone; on peut également obtenir le métal réduit, en les chauffant dans un courant d'hydrogène; dans ce cas il se dégage de l'eau.

Enfin, les corps oxydés dont l'oxygène ne sera pas mis en évidence par l'une de ces méthodes, donneront lorsqu'ils seront mélangés avec du charbon et chauffés dans un courant de chlore, un chlorure métallique et du gaz oxyde de carbone.

SÉRIE DU SOUFRE.

1. *Sulfures métalliques.*

Quelques sulfures donnent un sublimé de soufre, quand on les chauffe dans un tube fermé. Par le grillage au contact de l'air, un grand nombre développent l'odeur caractéristique du gaz sulfureux. Un certain nombre de sulfures dégagent de l'hydrogène sulfuré, lorsqu'on les chauffe dans un courant d'hydrogène. Dissous dans l'acide nitrique ou dans l'eau régale, ils forment de l'acide sulfurique et laissent un résidu de soufre. Le nitrate de potasse, calciné avec des sulfures métalliques, se transforme en sulfate de potasse. Lorsqu'on fond un mélange de sulfures métalliques, de carbonate de soude et de charbon, il se forme du sulfure de sodium soluble dans l'eau. Avec les acides ce corps dégage de l'hydrogène sulfuré; il précipite en noir les dissolutions des sels de plomb, et colore en noir l'argent humecté d'une petite quantité d'eau.

2. *Sulfosels.*

Ils se comportent en général comme les sulfures métalliques, et peuvent être facilement reconnus. Les sulfhydrates alcalins dégagent, comme les sulfures alcalins, de l'hydrogène sulfuré, quand on les met en présence d'un acide, et précipitent les solutions de certains métaux; mais ils se distinguent par la propriété de dégager aussi ce gaz, lorsqu'on les mêle avec une solution concentrée d'un sel ferreux ou d'un sel de zinc.

3. *Sulfates.*

Les sulfates solubles donnent avec les sels de baryte un précipité blanc, complétement insoluble dans tous les acides. Les dissolutions des sels de plomb déterminent un précipité analogue ; mais celui-ci n'est pas entièrement insoluble, et se dissout, même en quantité fort considérable, dans le tartrate d'ammoniaque. Les sulfates insolubles donnent du sulfate de soude (soluble), quand on les calcine avec du carbonate de soude. Fortement chauffés dans la flamme intérieure du chalumeau sur du charbon et en présence du carbonate de soude, ils donnent naissance à du sulfure de sodium, qui noircit l'argent humecté d'eau et dégage de l'hydrogène sulfuré avec les acides.

4. *Hyposulfates.*

Par la calcination ils dégagent du gaz sulfureux et laissent un résidu de sulfate. Leur dissolution ne précipite pas les sels de baryte; mais le précipité se forme sous l'influence de l'ébullition, après une addition d'acide nitrique.

5. *Sulfites.*

En présence des acides ils développent l'odeur du gaz sulfureux, sans qu'il se sépare du soufre. Décomposés par l'acide chlorhydrique et la solution aqueuse d'hydrogène sulfuré, il se dépose du soufre sous la forme d'une poudre blanche.

6. *Hyposulfites.*

Leurs dissolutions, traitées par les acides, dégagent du gaz sulfureux et précipitent du soufre. Calcinés dans un tube, ils donnent un sublimé de soufre, et laissent pour résidu un mélange de sulfate et de sulfure métallique. Avec le nitrate d'argent ils forment un précipité blanc qui ne tarde pas à noircir.

SÉRIE DE L'AZOTE.

1. *Nitrates.*

Tous les nitrates fusent ou détonent, lorsqu'ils sont projetés sur des charbons incandescents ; ceux qui renferment un alcali fixe, laissent alors une masse alcaline pour résidu. Introduits dans un tube et mélangés avec la tournure de cuivre et de l'acide sulfurique concentré, ils donnent, sous l'influence de la chaleur, un dégagement de vapeurs rutilantes. Leur dissolution, colorée par une goutte d'une solution d'indigo et additionnée d'une faible quantité d'acide sulfurique, se décolore quand on la chauffe. Une dissolution de sulfate ferreux dans l'acide sulfurique concentré prend une teinte violette par l'addition d'une très-petite quantité d'un nitrate ; lorsqu'on ajoute trop de nitrate, elle se colore en brun foncé et même en noir.

2. *Nitrites.*

Ils donnent un dégagement de vapeurs nitreuses rutilantes, quand on les traite à froid par les acides énergiques.

SÉRIE DU PHOSPHORE.

1. *Phosphures métalliques.*

Calcinés avec un mélange de nitrate de potasse et de carbonate de soude, ils donnent un phosphate alcalin. L'acide nitrique les oxyde et les transforme également en phosphate. (Voir plus bas.) Les phosphures alcalins ou terreux décomposent l'eau et dégagent de l'hydrogène phosphoré.

2. *Phosphates.*

Le nitrate d'argent détermine dans les phosphates solubles un précipité jaune qui se dissout facilement, soit dans les acides, soit dans l'ammoniaque. Après la calcination ils donnent, avec les sels d'argent, un précipité blanc de pyrophosphate. Le sulfate de magnésie, en dissolution concentrée, produit avec les phosphates, en présence des sels ammoniacaux, un précipité blanc cristallin de phosphate ammoniaco-magnésien ; dans les liqueurs étendues, ce précipité ne prend naissance qu'après une agitation suffisamment prolongée.

Pour produire ces réactions avec les phosphates insolubles, il faut les calciner avec du carbonate de soude, et extraire par l'eau le phospate de soude ainsi formé. On peut aussi les dissoudre dans l'acide nitrique, et neutraliser la liqueur, aussi exactement que possible, avec de l'ammoniaque.

Si l'on ajoute un léger excès d'ammoniaque à cette dissolution, on obtient un précipité qui devient jaune par son contact avec quelques gouttes de nitrate d'argent. Avec certains phosphates cette coloration jaune se manifeste déjà, quand on les traite directement par le nitrate d'argent.

3. *Phosphites et hypophosphites.*

Par la calcination ils dégagent de l'hydrogène ou de l'hydrogène phosphoré, et se transforment en phosphates. Les phosphites précipitent l'eau de chaux ; les hypophosphites ne la précipitent pas.

SÉRIE DE L'ARSENIC.

1. *Arséniures métalliques.*

Lorsqu'on les soumet au grillage, ils exhalent l'odeur d'ail, et dégagent ordinairement des fumées blanches d'anhydride arsénieux; si on les calcine dans un tube fermé par un bout, ils donnent fréquemment un sublimé d'arsenic. Avec l'acide nitrique, ils donnent naissance à l'acide arsénieux ou arsénique. Par leur calcination avec un mélange de nitrate de potasse et de carbonate de soude, il se forme un arséniate alcalin. La fusion avec du carbonate de soude et du soufre donne un sulfarséniate soluble dans l'eau.

2. *Arséniates.*

Chauffés sur du charbon et avec du carbonate de soude dans la flamme intérieure du chalumeau, ils développent une odeur alliacée très-prononcée. Les arséniates solubles donnent, avec le nitrate d'argent, un précipité rouge brun, qui se dissout facilement, soit dans l'ammoniaque, soit dans l'acide nitrique. L'hydrogène sulfuré détermine, après un laps de temps assez long, un précipité jaune de sulfure d'arsenic, dans les solutions des arséniates additionnées d'acide chlorhydrique. Ce précipité se forme immédiatement, si l'on n'ajoute l'hydrogène sulfuré qu'après avoir fait bouillir la dissolution préalablement mélangée avec de l'acide sulfureux. La solution d'un arséniate mélangée avec du sulfhydrate d'ammoniaque, portée à l'ébullition et traitée ensuite par l'acide chlorhydrique, donne un précipité jaune de sulfure d'arsenic. Les arséniates insolubles doivent être fondus avec du carbonate de soude; on obtient ainsi de l'arséniate de soude soluble dans l'eau. On peut également en extraire l'arsenic, en les laissant, pendant quelque temps, en digestion avec du sulfhydrate d'ammoniaque.

3. Arsénites.

Lorsqu'on les chauffe dans la flamme intérieure du chalumeau, avec du carbonate de soude et sur du charbon, ils exhalent une odeur fortement alliacée. Par la calcination dans un tube fermé par un bout, beaucoup d'arsénites donnent un sublimé d'anhydride arsénieux (acide arsénieux anhydre) dans certains cas, et d'arsenic dans d'autres, et laissent un résidu d'arséniate. Les arsénites solubles donnent avec le nitrate d'argent un précipité jaune, soluble dans l'ammoniaque et dans l'acide nitrique. L'hydrogène sulfuré détermine immédiatement un précipité jaune dans les solutions d'arsénites additionnées d'acide chlorhydrique. Le cuivre réduit l'arsenic dans les dissolutions acides des arsénites, et se recouvre alors d'un enduit blanc métallique.

Quand on verse une liqueur contenant les acides arsénieux ou arsénique, dans un mélange de zinc et d'acide sulfurique étendu, dégageant de l'hydrogène, ce gaz devient arsénifère. Si on le fait passer dans un tube de verre chauffé dans un de ses points avec la flamme de la lampe à esprit de vin, il se dépose de l'arsenic non loin de la partie chaude, sous la forme d'un miroir métallique brillant. On peut aussi enflammer l'hydrogène, et mettre une plaque froide de porcelaine en contact avec la flamme ; il se forme alors des taches d'arsenic métallique. Si l'on expose, à l'aide d'une baguette de verre, une goutte d'eau au-dessus de la flamme de l'hydrogène arsénié, on obtient, en mêlant ensuite à celle-ci une goutte d'une dissolution parfaitement neutre de nitrate d'argent, un précipité jaune d'arsénite d'argent.

SÉRIE DE L'ANTIMOINE.

1. *Antimoniures métalliques.*

Ils dégagent, lorsqu'on les soumet au grillage, des fumées blanches inodores. Si on les fond avec du soufre et du carbonate de soude, on obtient un sulfantimoniate soluble dans l'eau. Dissous dans l'acide nitrique, les antimoniures métalliques laissent un résidu d'acide antimonique ou antimonieux, sous la forme d'une poudre blanche. Leur dissolution dans l'eau régale ou dans l'acide chlorhydrique donne un précipité blanc d'acide antimonique, quand on la mélange avec de l'eau.

2. *Antimoniates.*

Lorsqu'on fond les antimoniates avec du carbonate de soude, dans la flamme intérieure du chalumeau, il se dégage des vapeurs blanches inodores, et l'on obtient de petits grains d'antimoine réduit. Ces sels sont, ou complétement insolubles dans l'acide nitrique, ou solubles seulement en partie, en laissant alors un résidu blanc d'acide antimonique. Leur dissolution dans l'acide chlorhydrique est précipitée en blanc par l'eau. Quand on fond un antimoniate quelconque mélangé avec du carbonate de soude, du soufre et une petite quantité de charbon en poudre, il se forme un sulfantimoniate soluble dans l'eau, et cette solution donne avec les acides un précipité jaune-orangé de sulfure d'antimoine.

3. *Antimonites.*

Au chalumeau, ils donnent des réactions identiques avec celles des antimoniates. Leur dissolution dans l'acide chlorhydrique est précipitée par l'eau; cette précipitation n'a pas lieu lorsqu'on ajoute préalablement de l'acide tartrique à la dissolution, mais l'hydrogène sulfuré en sépare toujours du sulfure d'antimoine jaune orange. Fondus avec du carbonate de soude et du soufre, ils donnent la même réaction que les antimoniates. Le zinc dégage des dissolutions acides des antimonites, de l'hydrogène qui se comporte absolument comme l'hydrogène arséniqué. Mais, l'antimoine qui se dépose par la décomposition de ce gaz sous l'influence de la chaleur, est moins volatil et d'une couleur plus noire que l'arsenic; sa vapeur est inodore, et l'eau qui a été exposée au-dessus de la flamme de l'hydrogène antimonié, ne donne pas de réaction avec le nitrate d'argent.

SÉRIE DU CHRÔME.

Chromates.

Tous sont colorés; chauffés, avec les fondants, dans la flamme intérieure du chalumeau, ils donnent des perles vertes. Les dissolutions des chromates alcalins neutres sont jaunes; par l'addition des acides elles se colorent en rouge. Le chlorure de zinc, un mélange d'alcool et d'acide chlorhydrique avec le concours de la chaleur, ou l'acide sulfureux avec addition d'acide sulfurique, donnent aux solutions de ces sels une belle couleur vert d'émeraude. Elles déterminent un précipité jaune dans les solutions des sels de plomb, rouge pourpre foncé dans celles d'argent, et rouge brique dans celles des sels mercureux. Ce dernier donne de l'oxyde vert de chrôme par la calcination. Les chromates insolubles se transforment par la fusion avec du carbonate de soude, en chromate de soude soluble dans l'eau, à laquelle il communique une couleur jaune très-intense.

SÉRIE DU MANGANÈSE.

Manganates et Permanganates.

Les dissolutions des *permanganates* possèdent une couleur rouge pourpre intense. L'hydrogène sulfuré les décolore immédiatement, et il se précipite de la liqueur un mélange de soufre et de sulfure de manganèse. Cette décoloration a lieu également lorsqu'on ajoute de l'acide sulfureux à la dissolution d'un permanganate préalablement additionnée d'acide sulfurique; il se forme dans ce cas un sel manganeux.

Les dissolutions des *manganates* sont vertes; sous l'influence des acides cette coloration passe au rouge, par suite de la transformation du manganate en permanganate.

SÉRIE DE L'ÉTAIN.

Stannates. — Métastannates.

Les *stannates* alcalins seuls sont solubles dans l'eau et cristallisent facilement. Après avoir été chauffés ils se dissolvent complétement et sans altération dans l'eau. Les acides énergiques précipitent les stannates, mais le précipité se redissout très-sensiblement dans la liqueur acide. Les stannates ont une réaction fortement alcaline.

Les *métastannates* alcalins sont solubles et généralement incristallisables; un excès d'alcali ajouté à la dissolution les rend insolubles. Un acide versé dans leur dissolution détermine un précipité gélatineux d'acide métastannique, complétement insoluble dans la liqueur acide, mais soluble dans l'ammoniaque. Une température peu élevée, inférieure même à celle de l'ébullition de l'eau, rend ce précipité insoluble dans l'ammoniaque. Les métastannates alcalins chauffés avec un excès d'alcali se transforment en stannates.

SÉRIE DU CHLORE.

1. *Chlorures métalliques.*

Les chlorures alcalins ou alcalino-terreux dégagent, au contact de l'acide sulfurique, des vapeurs blanches d'acide chlorhydrique, ou de chlore gazeux, lorsque le chlorure a été préalablement mélangé avec du peroxyde de manganèse. Les chlorures solubles donnent avec le nitrate d'argent un précipité de chlorure d'argent, blanc, caséeux, insoluble dans l'acide nitrique, facilement soluble dans l'ammoniaque, et qui se colore en violet sous l'influence de la lumière. Avec le nitrate mercureux on obtient un précipité blanc et pulvérulent de chlorure mercureux. Les chlorures insolubles sont transformés en chlorure de sodium soluble, lorsqu'on les calcine avec du carbonate de soude.

2. *Hypochlorites.*

Leur dissolution décolore les solutions d'indigo et de tournesol. Au contact des acides, même faibles, ils dégagent du gaz chlore. Mélangés avec un alcali, puis avec la dissolution d'un sel manganeux, ils donnent un précipité brun noir d'hydrate de peroxyde de manganèse. Avec l'ammoniaque caustique ils dégagent du gaz azote et développent l'odeur du chlorure d'azote.

3. *Chlorites.*

Les chlorites sont des sels peu stables. La chaleur les décompose souvent avec explosion en chlorure métallique et en oxygène gazeux. Lorsqu'on chauffe leur dissolutions, ils se transforment en chlorure et chlorate. Ils se décomposent avec effervescence par l'addition d'un acide, en développant des vapeurs jaunes.

4. *Chlorates.*

Calcinés dans un tube fermé par un bout, ils dégagent de l'oxygène en abondance et laissent un résidu de chlorure métallique. Projetés sur des charbons incandescents, ils détonent et laissent un résidu qui n'est pas alcalin. Au contact de l'acide sulfurique concentré, ils détonent ou se colorent en jaune, en donnant lieu au dégagement d'un gaz jaune dont l'odeur rappelle celle du chlore. Avec l'acide chlorhydrique, ils donnent une dissolution colorée en jaune intense et dégagent du chlore; cette dissolution décolore non-seulement la solution d'indigo, mais aussi celle de tournesol.

5. *Perchlorates.*

Sous l'influence de la chaleur, ils dégagent beaucoup d'oxygène. Projetés sur des charbons incandescents, ils se comportent comme les chlorates. A froid, ils ne sont pas décomposés par l'acide sulfurique concentré.

SÉRIE DU BRÔME.

1. *Bromures métalliques.*

Chauffés dans une atmosphère de gaz chlore, ils développent des vapeurs rouges de brôme. Le chlore gazeux ou l'eau de chlore déplacent le brôme dans les dissolutions des bromures, et la liqueur prend alors une teinte jaune particulière. Le brôme, ainsi mis en liberté, peut être enlevé par l'agitation de la liqueur avec de l'éther. Les dissolutions argentiques donnent, avec les bromures, un précipité analogue à celui que l'on obtient avec les chlorures. Calciné avec du carbonate de soude, ce précipité donne du bromure de sodium.

2. *Bromates.*

Chauffés ou projetés sur des charbons incandescents, ils se comportent absolument comme les chlorates et laissent un résidu de bromure métallique. Ils sont réduits par le chlorure de zinc et l'acide sulfureux, et transformés en bromures métalliques.

SÉRIE DE L'IODE.

1. *Iodures métalliques.*

L'eau de chlore et l'acide nitrique rouge, ajoutés goutte à goutte aux dissolutions des iodures, séparent l'iode, qu'il est facile de reconnaître à la couleur brune de la liqueur, aux vapeurs violettes qu'elle développe lorsqu'on la chauffe, et à la belle couleur bleue que lui communique l'amidon. Cette coloration bleue est détruite par le chlore et l'acide sulfureux; la chaleur la fait également disparaître, mais elle reparaît avec son intensité primitive par le refroidissement de la liqueur. Le nitrate d'argent donne, avec les iodures solubles, un précipité jaunâtre d'iodure d'argent, presque insoluble dans l'ammoniaque. Les solutions des iodures donnent : avec le nitrate de plomb, un précipité jaune; avec le nitrate mercureux, un précipité rouge écarlate; avec le nitrate de palladium, un précipité noir. Mélangées et chauffées avec une dissolution de sulfate de cuivre chargée d'acide sulfureux, elles donnent un précipité blanc d'iodure de cuivre. Les iodures insolubles fournissent, par leur calcination avec du carbonate de soude, de l'iodure de sodium soluble dans l'eau.

2. *Iodates.*

Calcinés ou projetés sur des charbons incandescents, ils se comportent absolument comme les chlorates et les bromates, et laissent un résidu d'iodure métallique.

Le chlorure stanneux (protochlorure d'étain) et l'acide sulfureux les réduisent et les transforment en iodures.

SÉRIE DU FLUOR.

Fluorures métalliques.

Introduits en poudre fine dans un creuset de platine et arrosés avec de l'acide sulfurique concentré, ils dégagent, sous l'influence d'une douce chaleur, des vapeurs d'acide fluorhydrique, qui corrodent fortement le verre, et y gravent les caractères que l'on a préalablement tracés sur une couche mince de cire ou de vernis qui le recouvre. Les fluorures solubles ne sont pas précipités par les sels d'argent. Mélangés avec du quartz en poudre et traités par l'acide sulfurique concentré, ils dégagent, sous l'influence de la chaleur, des vapeurs de fluorure de silicium qui ne corrodent pas le verre, et qui donnent, lorsqu'on les fait arriver dans une dissolution de carbonate sodique, un dépôt de silice gélatineuse. Les *fluosilicates* dégagent ces mêmes vapeurs au contact de l'acide sulfurique seul, et sans qu'il soit nécessaire d'ajouter de la silice. Calcinés avec du carbonate sodique, les fluorures sont transformés en fluorure de sodium.

SÉRIE DU BORE.

Borates.

Au chalumeau, ils fondent et donnent des perles vitreuses transparentes. L'acide sulfurique, mélangé avec la dissolution d'un borate, déplace l'acide borique, qui se précipite, après quelques temps, en petites houppes cristallines. Si l'on mélange cette liqueur acide avec de l'alcool, celui-ci acquiert la propriété de brûler avec une flamme verte. Les borates solubles donnent, avec les sels barytiques et calciques, des précipités blancs qui peuvent être redissous par l'addition d'une grande quantité d'eau. Ces précipités sont également solubles dans les acides et dans le chlorhydrate d'ammoniaque.

SÉRIE DU SILICIUM.

Silicates.

Les dissolutions des silicates potassique et sodique avec excès d'alcali, sont décomposées par le sel ammoniac qui y détermine un précipité de silice gélatineuse, insoluble dans les acides. Avec le nitrate de cobalt, elles donnent un précipité d'un beau bleu et un précipité jaune avec le nitrate d'argent. Sursaturées par l'acide chlorhydrique et évaporées à sec, elles donnent un résidu qui, étant repris par l'eau, laisse de la silice pulvérulente complétement insoluble. — Les silicates insolubles qui sont décomposés par l'acide chlorhydrique, forment, avec cet acide, une masse gélatineuse; ceux qui ne sont pas attaqués par les acides forts, doivent être désagrégés par la fusion avec le carbonate sodique. La masse ainsi obtenue, étant traitée par l'acide chlorhydrique, laisse déposer de la silice gélatineuse. Soumis à l'action de l'acide fluorhydrique concentré ou à celle d'un mélange de fluorure de calcium et d'acide sulfurique concentré, ils donnent lieu à un dégagement gazeux de fluorure de silicium.

SÉRIE DU CARBONE.

1. *Carbures métalliques.*

Dissous dans les acides, la plus grande partie du carbone reste à l'état d'une poudre noire ou sous la forme de paillettes de graphite. Certains carbures métalliques, surtout ceux dont les métaux décomposent l'eau, dégagent, lorsqu'on les dissout dans l'acide chlorhydrique, un hydrogène carbonifère doué d'une odeur très-désagréable, et laissent un résidu de charbon.

2. *Formiates.*

Lorsqu'on chauffe la dissolution d'un formiate avec du nitrate argentique, avec du nitrate mercureux ou même avec de l'oxyde mercurique en poudre fine, le métal est réduit à l'état métallique et il se dégage du gaz carbonique. Traités par le chlorure mercurique (sublimé corrosif), les formiates donnent, sous l'influence d'une chaleur modérée, d'abord un précipité de chlorure mercureux (calomel), et ensuite du mercure métallique. Chauffés avec de l'acide sulfurique concentré, ils donnent un dégagement d'oxyde de carbone pur.

3. *Carbonates.*

Les acides les décomposent avec effervescence et dégagent du gaz carbonique incolore, inodore, qui a la propriété de former dans l'eau de chaux un précipité blanc, qu'un excès de gaz redissout. Tous les carbonates neutres sont insolubles dans l'eau, à l'exception des carbonates alcalins. A l'exception de ces derniers, tous sont décomposés par la chaleur. Tous, sans en excepter les carbonates alcalins, sont décomposés par la vapeur d'eau à une haute température ; lorsque les carbonates sont décomposés par la chaleur, la vapeur d'eau avance le terme de leur décomposition.

4. *Cyanures métalliques.*

La plupart dégagent, par l'action de l'acide chlorhydrique, de l'acide cyanhydrique (acide prussique) qui est caractérisé par l'odeur très-prononcée des amandes amères. Chauffés avec du salpêtre, ils brûlent et donnent du carbonate potassique. Leur fusion avec le carbonate sodique fournit du cyanure de sodium, dont la solution aqueuse, mélangée avec un sel ferroso-ferrique et ensuite avec de l'acide chlorhydrique, détermine un précipité de bleu de Prusse. Si l'on sursature par l'acide nitrique cette dissolution de cyanure de sodium, on observe l'odeur de l'acide prussique, et le nitrate d'argent y détermine un précipité floconneux de cyanure d'argent.

5. *Cyanates.*

Les cyanates solubles sont précipités en *blanc* par les nitrates plombique, argentique et mercureux, en *brun verdâtre* par le nitrate cuivrique, et en *brun jaunâtre* par le chlorure d'or. En solution aqueuse ces sels sont peu stables; ils fixent les éléments de l'eau et se transforment en carbonates. Le cyanate d'ammoniaque subit, dans ces circonstances, une transformation moléculaire très-remarquable; il se convertit en *urée,* alcaloïde qui existe à l'état libre dans l'urine des mammifères. Les cyanates alcalins, parfaitement secs, peuvent être chauffés à une température voisine du rouge sans subir de décomposition; délayés dans l'acide sulfurique étendu, ils dégagent l'odeur vive et suffocante de l'acide cyanique.

6. *Oxalates.*

Tous les oxalates sont décomposés par la calcination; ils dégagent du gaz carbonique ou de l'oxyde de carbone, ou ces deux gaz simultanément, et laissent pour résidu le métal à l'état d'oxyde ou de carbonate. Leurs dissolutions donnent avec les sels de chaux, même avec la solution de gypse, un précipité blanc, soluble dans les acides nitrique et chlorhydrique et insoluble dans l'acide acétique. Les oxalates dissous dans les acides donnent le même précipité, pourvu qu'on y ait ajouté préalablement une quantité suffisante d'acétate d'ammoniaque. Cette insolubilité du précipité d'oxalate calcique dans l'acide acétique, distingue nettement les oxalates des phosphates, car le précipité de phosphate calcique est facilement dissous par cet acide. — Mélangés avec du peroxyde de manganèse en poudre et avec de l'acide nitrique, ils dégagent du gaz carbonique pur. Chauffés en présence d'acide sulfurique concentré, ils donnent un mélange de gaz carbonique et oxyde de carbone.

7. *Acétates.*

Tous les acétates sont solubles dans l'eau; l'acétate d'argent et celui de mercure y sont peu solubles. Soumis à l'action de la chaleur, la plupart des acétates dégagent de l'acétone, substance très-volatile, inflammable et douée d'une odeur empyreumatique assez caractéristique. Chauffés avec un mélange d'acide sulfurique et d'alcool, les acétates produisent l'éther acétique, facile à reconnaître à son odeur. L'acide acétique ne réduit pas les oxydes des métaux précieux, et donne par son contact avec l'oxyde plombique en excès une liqueur dont la réaction est alcaline; l'acide formique ne jouit pas de cette propriété. Les dissolutions des acétates colorent les sels ferriques en rouge de sang. Lorsqu'on chauffe de l'anhydride arsénieux avec un acétate et un alcali caustique fixe en poudre bien *desséchée*, il y a dégagement d'*alcarsine* (oxyde de cacodyle), reconnaissable à l'odeur repoussante qui lui est propre. Cette réaction est tellement sensible, qu'elle peut servir à reconnaître les moindres traces, soit d'acide arsénieux, soit d'acide acétique.

8. *Malates.*

La plupart des malates sont solubles dans l'eau, déliquescents et difficilement cristallisables. L'eau de chaux et le chlorure calcique ne déterminent aucun précipité dans ces dissolutions, ni à froid, ni à la température de l'ébullition du liquide; mais un précipité de malate calcique apparaît à l'instant, par le mélange de ces liqueurs avec de l'alcool. Mélangées avec de l'acétate de plomb, elles donnent du malate de plomb, sous la forme d'un précipité blanc, coagulé, qui, au bout d'un certain temps, se transforme sous la liqueur en aiguilles cristallines brillantes; il fond dans l'eau bouillante comme une résine et n'est que peu soluble. Sous l'influence d'une chaleur modérée (176°) l'acide malique se décompose exactement en eau et en deux autres acides, l'acide maléique qui se sublime et l'acide fumarique (paramaléique) qui reste pour résidu.

9. *Tartrates.*

L'acide tartrique et les tartrates répandent, lorsqu'on les chauffe fortement, une odeur toute particulière et très-caractéristique, analogue à celle du sucre qui brûle. Les dissolutions aqueuses de l'acide tartrique et des tartrates donnent un précipité blanc avec l'eau de chaux ajoutée en excès. Ce même précipité se forme en présence du chlorure de calcium; il se dissout facilement dans les sels ammoniacaux, ainsi que dans une dissolution froide de potasse. Si l'on fait bouillir cette dernière dissolution, elle devient trouble et gélatineuse; mais elle s'éclaircit de nouveau par le refroidissement.

10. *Racémates.*

Les dissolutions des racémates donnent avec l'eau de chaux ou les sels calciques un précipité blanc, qui ne se distingue du tartrate calcique que par son insolubilité, soit dans les sels ammoniacaux, soit dans un excès d'acide racémique ou d'acide tartrique.

11. *Citrates.*

Les dissolutions aqueuses de l'acide citrique ou des citrates, traitées *à froid* par l'eau de chaux ou par les sels calciques, ne donnent pas de précipité. Mais si l'on fait bouillir cette liqueur et qu'elle soit neutre ou contienne un excès d'eau de chaux ou d'ammoniaque libre, il se produit un précipité blanc de citrate calcique, insoluble dans la potasse et soluble dans les sels ammoniacaux et les acides libres.

12. *Succinates.*

Les succinates alcalins sont insolubles dans l'alcool, mais presque tous les succinates sont solubles dans l'eau. Leurs dissolutions, parfaitement neutres, donnent, avec les sels ferriques, un précipité brun-rouge, volumineux, très-soluble dans les acides, et qui devient plus foncé en présence de l'ammoniaque qui le transforme en succinate basique. Le chlorure de baryum ne donne pas de précipité avec les dissolutions aqueuses de l'acide succinique ou des succinates; mais, si l'on ajoute préalablement de l'alcool, on obtient un précipité blanc de succinate barytique. — Sous l'influence de la chaleur, l'acide succinique répand des vapeurs qui provoquent fortement la toux.

13. *Benzoates.*

L'acide benzoïque libre est moins soluble dans l'eau que l'acide succinique ; les acides puissants le précipitent de toutes les dissolutions peu étendues des benzoates, sous la forme d'une poudre blanche cristalline. Cet acide cristallise très-facilement par sublimation, et développe des vapeurs irritantes qui provoquent la toux. — En présence du chlorure ferrique, les benzoates se comportent absolument comme les succinates, seulement le benzoate ferrique, ainsi formé, est beaucoup plus clair et plus jaune que le succinate. Les benzoates alcalins sont solubles dans l'alcool ; le chlorure de baryum n'y détermine pas de précipité.

14. *Tannates.*

L'acide tannique forme une masse incolore, sans trace de cristallisation, d'une saveur franchement astringente, sans odeur, très-soluble dans l'eau. Il est caractérisé par la propriété de former avec les sels erriques une combinaison bleu-noire (comme dans l'encre), et d'être précipité complétement de sa dissolution par une solution de colle ou par la peau d'un animal (comme dans la préparation du cuir).

15. *Gallates.*

Cet acide cristallise en prismes incolores et brillants; il possède une saveur acide peu distincte ; il est peu soluble dans l'eau. Il précipite les sels ferriques en bleu-noir, comme l'acide tannique, mais ne trouble pas la solution de colle. Il réduit l'or de la dissolution du chlorure aurique et l'argent de son nitrate. Une dissolution d'acide gallique, mélangée avec un alcali en excès, absorbe très-rapidement le gaz oxygène de l'air en se décomposant complétement et en se transformant, par degrés, en des combinaisons diversement colorées et finalement en une substance d'une couleur brune foncée.

16. *Urates.*

L'acide urique exige plus de mille fois son poids d'eau pour se dissoudre; aussi, les dissolutions des urates, traitées par les acides, donnent-elles un précipité blanc cristallin d'acide urique. — L'acide nitrique dissout facilement l'acide urique, mais en le décomposant; quand on évapore cette solution jusqu'à siccité et qu'on traite le résidu par l'ammoniaque en excès, il se produit une belle couleur rouge pourpre. Fondu avec les alcalis caustiques, l'acide urique donne lieu à un dégagement d'ammoniaque, et en modérant la chaleur on obtient un résidu de cyanure de potassium et de cyanate potassique facile à reconnaître.

—

CARACTÈRES ANALYTIQUES DES ESPÈCES SALINES.

—

POTASSIUM.

Sels potassiques.

Les sels potassiques sont tous solubles dans l'eau; quelques-uns néanmoins le sont très-peu. Ainsi, l'*acide tartrique*, ajouté en excès à la dissolution d'un sel potassique, produit par l'agitation un précipité blanc et cristallin de bitartrate potassique (crême de tartre), qui ne se dissout que dans soixante fois son poids d'eau. — L'*acide chlorique* détermineun précipité de chlorate potassique, et le chlorureplatinique donne du *chloroplatinate* potassique en poudre jaune, presque insoluble dans des liqueurs alcooliques. —*L'acide silicifluorhydrique* les précipite en blanc. Le ferrocyanure potassique, le sulfhydrate ammonique, le carbonate ammonique ne précipitent pas les sels potassiques. — Les sels potassiques quand ils sont tout-à-fait purs ou du moins entièrement exempts de sels sodiques, colorent la flamme extérieure du chalumeau en *violet.*

SODIUM.

Sels sodiques.

Les sels sodiques sont tous solubles dans l'eau. Aucun réactif ne précipite leurs dissolutions étendues, si ce n'est *l'antimoniate potassique*, qui donne toujours un précipité blanc d'antimoniate sodique lorsque la liqueur est neutre et ne renferme pas de carbonate potassique ; si elle est acide, il faut préalablement la neutraliser et la rendre faiblement alcaline par un léger excès de potasse caustique. — L'acide silicifluorhydrique donne, avec la solution concentrée des sels sodiques, un précipité transparent de fluosilicate sodique, qui, vu au microscope, paraît cristallin, tandis que le précipité analogue, obtenu avec les sels potassiques, est entièrement amorphe. — Ces sels sont, en outre, caractérisés par la couleur *jaune* très-intense qu'ils communiquent à la flamme extérieure du chalumeau.

AMMONIAQUE.

Sels ammoniques ou ammoniacaux.

Les sels ammoniques se comportent avec les réactifs absolument de la même manière que les sels potassiques. Cependant l'acide tartrique ne les précipite qu'autant que leur dissolution est assez concentrée. —*Le chlorure platinique* y détermine un précipité jaune de chloroplatinate ammonique très-peu soluble dans l'eau et tout-à-fait insoluble dans un mélange d'alcool et d'éther. — L'ammoniaque est facilement déplacée, de toutes ses combinaisons, par les alcalis caustiques fixes. Aussi reconnaît-on facilement un sel ammoniacal en le mélangeant avec de la potasse ; il se dégage aussitôt de l'ammoniaque caractérisée par son odeur, ou lorsqu'elle est en très-faible quantité, par les nuages blancs qui se développent en présence d'une baguette de verre mouillée avec de l'acide chlorhydrique très-étendu. — Sous l'influence de la chaleur tous les sels ammoniacaux sont ou décomposés (phosphate ammonique), ou volatilisés sans décomposition (chlorure et carbonate ammonique).

BARYUM.

Sels barytiques.

Les sels barytiques solubles dans l'eau sont caractérisés par la propriété de donner avec l'acide sulfurique ou les sulfates en dissolution, un précipité blanc de sulfate barytique *complétement* insoluble dans l'eau et dans les acides. La solution de sulfate strontique, ainsi que celle de gypse (sulfate calcique, plâtre), y déterminent immédiatement un précipité. — Leurs dissolutions sont également précipitées par *l'acide silicifluorhydrique*, mais le précipité n'apparaît ordinairement que par l'agitation de la liqueur. — Ces sels sont encore précipités par les carbonates potassique ou ammonique; mais ils ne le sont pas par le sulfhydrate ammonique ni par le ferrocyanure potassique dans des dissolutions *étendues*. Les sels barytiques insolubles dans l'eau sont, à l'exception du sulfate, solubles dans l'acide chlorhydrique; la dissolution ainsi obtenue est soumise aux réactions qui viennent d'être décrites. — Pour reconnaître le sulfate barytique, on le réduit en poudre fine, on le fait bouillir avec une dissolution concentrée de carbonate potassique, puis on filtre. La liqueur filtrée, décomposée et acidifiée par un excès d'acide chlorhydrique doit donner un précipité blanc avec le chlorure barytique. Le résidu qui se trouve sur le filtre, et qui n'est autre chose que du carbonate barytique, est dissous dans l'acide chlorhydrique, cette dissolution doit donner les réactions des sels barytiques. — Le sulfate barytique est indécomposable au rouge.

STRONTIUM.

Sels strontiques.

Les sels strontiques solubles, traités par *l'acide sulfurique* ou les sulfates en dissolution se comportent comme les sels barytiques ; mais le sulfate strontique qui se précipite, n'est pas complétement insoluble dans l'eau. — *La solution de gypse* les précipite, mais pas immédiatement ; quant à celle de sulfate strontique, il est évident qu'elle ne peut y déterminer aucun trouble. — Les sels strontiques se distinguent facilement des sels barytiques à l'aide de *l'acide silicifluorhydrique ;* ce réactif ne détermine pas de précipité dans leurs dissolutions même très-concentrées. Ils sont en outre caractérisés par la propriété qu'ils possèdent de communiquer à la flamme de l'alcool une belle *coloration rouge pourpre*. — Les sels strontiques insolubles dans l'eau et dans les acides sont fondus avec du carbonate sodique ; la masse fondue, traitée par l'eau, donne du carbonate strontique soluble dans l'acide chlorhydrique.

CALCIUM.

Sels calciques.

L'acide sulfurique et les sulfates solubles ne précipitent que leurs dissolutions assez concentrées, car le sulfate calcique est sensiblement soluble dans l'eau ; *la solution de gypse* qui ne peut y manifester aucun trouble, sert à les distinguer des sels barytiques et strontiques. — Les sels calciques sont surtout caractérisés par le précipité que forme dans leurs dissolutions, même très-étendues, *l'acide oxalique* ou mieux *l'oxalate ammonique;* ce précipité d'oxalate calcique est très-soluble dans l'acide nitrique, mais insoluble dans l'acide acétique. Les sels calciques solubles communiquent à la flamme de l'alcool une coloration *jaune rougeâtre,* qu'il ne faut pas confondre avec celle que produisent les sels strontiques. — Les sels calciques insolubles dans l'eau et dans les acides sont transformés en carbonate calcique par la fusion avec du carbonate sodique.

MAGNÉSIUM.

Sels magnésiques.

Les sels magnésiques solubles sont caractérisés par une saveur amère, désagréable et toute particulière. *La potasse caustique,* ainsi que *l'eau de chaux,* donnent avec les dissolutions neutres des sels magnésiques, un précipité blanc, gélatineux, que le chlorhydrate ammonique dissout avec facilité. — L'*ammoniaque* ne précipite qu'une partie du magnésium à l'état d'hydroxyde magnésique; si la dissolution est étendue et contient un sel ammoniacal, cet alcali n'y détermine aucun précipité.—Le *carbonate ammonique* ne les précipite jamais à froid; avec le *carbonate potassique* ils donnent au contraire un précipité blanc gélatineux, lorsque les dissolutions sont neutres et exemptes de sels ammoniacaux. Ce précipité de carbonate magnésique est redissout par les sels ammoniques. — *Le phosphate ammonique* ou le *phosphate sodique*, en présence des sels ammoniacaux, détermine dans les sels magnésiques en solutions même très-étendues, un précipité blanc cristallin de *phosphate ammoniaco-magnésique*, insoluble dans l'eau chargée d'ammoniaque, mais très-soluble dans les acides, même dans l'acide acétique. Dans les dissolutions étendues ce précipité n'apparaît qu'en agitant fortement la liqueur avec une baguette de verre. L'acide sulfurique ne précipite pas les sels magnésiques, le sulfate magnésique étant très-soluble dans l'eau. — Les sels magnésiques sont, à l'exception du sulfate, décomposés par la chaleur.

Aluminium.

Sels aluminiques.

Les sels aluminiques solubles possèdent une saveur aigrelette, douceâtre et astringente. Ils ont une réaction acide (ils rougissent le tournesol). — La *potasse caustique* détermine dans leurs dissolutions un précipité blanc d'hydroxyde aluminique, facilement soluble dans un excès. Le chlorure ammonique précipite de nouveau l'hydroxyde aluminique de cette dissolution, lorsque la liqueur ne contient pas de substances organiques. L'*ammoniaque* donne naissance au même précipité, insoluble dans un excès. — *Le sulfhydrate ammonique* détermine un précipité blanc dans les solutions aluminiques; ce précipité n'est pas du sulfure, mais bien de l'*hydroxyde aluminique.* Le *carbonate potassique* donne le même précipité avec dégagement de gaz carbonique, car le carbonate aluminique n'existe pas. — Le ferrocyanure potassique ne les précipite pas. — Les sels aluminiques insolubles dans l'eau, sont solubles dans l'acide chlorhydrique; il faut en excepter certaines combinaisons naturelles, qui deviennent également solubles dans cet acide après leur fusion avec du carbonate sodique. — L'alumine et les sels aluminiques en général, chauffés au chalumeau, puis arrosés avec une petite quantité de nitrate cobalteux et chauffés de nouveau, donnent un mélange infusible coloré en *beau bleu de ciel foncé.* — Les sels aluminiques, dont l'acide est volatil, sont décomposés au rouge.

CHROME.

Sels chromiques.

Il existe deux séries de sels chromiques présentant absolument la même composition, mais doués de propriétés assez différentes. Les sels de l'une de ces séries sont généralement insolubles dans l'eau et les acides, et sont colorés en *violet clair*; ceux de l'autre série possèdent une couleur *verte,* et sont les uns solubles, les autres insolubles dans l'eau, mais se dissolvent tous dans l'acide chlorhydrique. Sous l'influence de la chaleur les sels verts se transforment souvent en sels violets insolubles, mais à leur tour ceux-ci régénèrent les premiers lorsqu'on les fond avec de la soude. Les dissolutions des sels chromiques sont généralement colorés en vert noirâtre ou en violet noirâtre(alun de chrome); ils possèdent tous une réaction acide.

La *potasse caustique* détermine dans les dissolutions des sels chromiques un précipité *vert bleuâtre* d'hydroxyde chromique, facilement et complétement soluble dans un excès. Si l'on soumet cette dissolution colorée en vert éméraude à une ébullition maintenue pendant long-temps, elle abandonne peu à peu e l'oxyde chromique dont la précipitation est complète, et la liqueur devient incolore, lorsqu'elle ne contient pas des matières organiques. L'*ammoniaque* donne le même précipité que la potasse, mais il est peu soluble à froid et complétement insoluble à chaud dans un excès du précipitant. — Le *carbonate potassique* précipite de l'hydroxyde chromique avec dégagement de gaz carbonique; le *sulfhydrate ammonique* donne ce même précipité et non pas du sulfure chromique. — Le ferrocyanure potassique ne précipite pas les sels chromiques. — Tous les sels chromiques chauffés au chalumeau, tant dans la flamme extérieure que dans la flamme intérieure, avec du *borax* ou du *phosphate ammoniaco-sodique* (*sel de phosphore*), donnent des perles transparentes, colorées en *vert émeraude* lorsqu'elles sont froides. — Les sels chromiques dont l'acide est volatil, sont décomposés à la chaleur rouge.

ZINC.

Sels zinciques.

Les sels de zinc sont incolores, possèdent une saveur métallique désagréable, et agissent comme vomitifs. — La *potasse caustique* détermine dans leurs dissolutions un précipité blanc d'hydroxyde zincique complétement soluble dans un excès d'alcali. Il en est de même avec l'*ammoniaque ;* mais, dans ce cas, il ne se précipite qu'une partie du zinc, et la précipitation cesse même d'avoir lieu lorsque la liqueur tient en dissolution des sels ammoniacaux. — Le *carbonate potassique* forme un précipité de carbonate zincique basique insoluble dans un excès du précipitant.—Les sels zinciques dont l'acide est énergique, ne sont pas précipités par l'*hydrogène sulfuré*, mais ce réactif précipite complétement le zinc de l'acétate zincique sous la forme de sulfure blanc : ainsi, le sulfate zincique acide n'est pas précipité par l'hydrogène sulfuré, mais si l'on ajoute à la dissolution de ce sel de l'*acétate sodique*, il se fait un double échange entre les métaux et les acides, et le zinc devient aussitôt précipitable. — Le sulfhydrate ammonique détermine dans les solutions de tous les sels zinciques, un précipité blanc sale de sulfure zincique.—Les sels de zinc sont encore précipités en blanc par le ferrocyanure potassique, par l'iodure potassique, et en jaune par le chromate potassique. — Le zinc n'est précipité à l'état métallique de ses dissolutions par aucun métal. (Voyez *Tableau colorié I.*)

Les sels zinciques neutres et solubles dans l'eau ont tous une réaction acide, et se décomposent facilement sous l'influence de la chaleur; le sulfate zincique est cependant plus stable et supporte une faible chaleur rouge. — Chauffé au *chalumeau* avec du nitrate de cobalt, l'oxyde zincique qui est complétement fixe, donne une masse *verte.*

MANGANÈSE.

Sels manganeux.

La plupart sont solubles dans l'eau et tous le sont dans l'acide chlorydrique; leurs dissolutions possèdent une couleur rose pâle. La *potasse caustique* y détermine un précipité blanchâtre d'hydroxyde manganeux, qui, sous l'influence de l'air, passe rapidement au brun, puis au noir, en se transformant en hydroxyde manganique. — L'*ammoniaque* ne précipite qu'une partie du manganèse; la présence des sels ammoniacaux empêche cette précipitation; mais, lorsque cet alcali est en quantité suffisante, ces dissolutions, d'abord incolores, brunissent au contact de l'air et laissent déposer de l'hydroxyde manganique brun. — Le *carbonate potassique* donne un précipité blanc rosé, inaltérable à l'air et presque insoluble dans le sel ammoniac. — Les sels manganeux, même l'acétate, ne sont pas précipités de leurs dissolutions acides par l'*hydrogène sulfuré.* Le *sulfhydrate ammonique* précipite tout le métal à l'état de sulfure, lequel a une couleur rouge de chair qui passe au brun par le contact de l'air. — Le ferrocyanure potassique donne un précipité blanc rosé. (Voyez *Tableau colorié II.*)

Les sels manganeux solubles dans l'eau n'ont pas d'action sur les couleurs végétales ; ils sont tous décomposés au rouge, à l'exception du sulfate. — Si l'on chauffe, sur une lame de platine, un sel de manganèse avec de la soude, il se forme un sel *vert* de manganate sodique; cette réaction, extrêmement sensible, permet de reconnaître des traces de manganèse, surtout si l'essai se fait en présence d'une petite quantité d'un oxydant, tel que le chlorate ou le nitrate potassique. Le *borax* et le *sel de phosphore* donnent, dans la flamme extérieure du *chalumeau*, des perles colorées en rouge améthyste; cette coloration disparaît dans la flamme intérieure.

FER.

1. *Sels ferreux.*

Les sels ferreux anhydres sont blancs; la plupart sont solubles dans l'eau, et leurs dissolutions, incolores lorsqu'elles sont étendues, possèdent une couleur bleue verdâtre quand elles sont très-concentrées. Leur saveur, d'abord légèrement sucrée, devient astringente et métallique comme celle de l'encre.

Les solutions des sels ferreux s'oxydent rapidement au contact de l'air, et se transforment en sels ferriques; ordinairement il se dépose en même temps un sel basique jaune et insoluble. L'*infusion de noix de galle* ne précipite pas les sels ferreux; le *ferrocyanure potassique* y détermine un précipité presque blanc, mais qui passe rapidement au bleu; ce précipité prend immédiatement une couleur bleue très-intense, si on le traite par des corps oxydants, tels que l'*eau de chlore*, par exemple. Avec le *ferricyanure potassique* on obtient un précipité d'un très-beau bleu foncé (bleu de Turnbull). Ces réactions sont caractéristiques et par conséquent les plus importantes; en voici quelques autres. Avec la *potasse caustique* on obtient un précipité *blanc verdâtre* d'hydroxyde ferreux, qui passe rapidement au *vert*, puis au *rouge brun* en se transformant d'abord en hydroxyde ferroso-ferrique et enfin en hydroxyde ferrique ; cette dernière transformation a lieu immédiatement sous l'influence de l'eau de chlore. L'*ammoniaque* se comporte de même, mais ne précipite qu'une partie du fer; la présence des sels ammoniacaux empêche complétement cette précipitation par l'ammoniaque et en partie celle par la potasse. — Les dissolutions acides des sels ferreux ne sont pas précipitées par l'*hydrogène sulfuré:* les dissolutions neutres le sont très-incomplétement, à moins que l'acide ne soit faible, comme dans l'acétate ferreux; on obtient dans ce cas un précipité noir de sulfure.Mais le *sulfhydrate ammonique* précipite complétement le fer de tous les sels ferreux, à l'état de sulfure noir insoluble dans un excès de réactif, et très-soluble dans les acides nitrique et chlorhydrique. Le zinc seul précipite le fer à l'état métallique de ses dissolutions, lorsqu'elles sont parfaitement à l'abri du contact de l'air.— Les sels ferreux absorbent le bi-oxyde d'azote et se colorent en brun foncé; lorsqu'on les traite à froid par l'acide nitrique, ils se transforment en sels ferriques et la liqueur prend une couleur brun verdâtre. (Voyez *Tableau colorié III.*)

Les sels ferreux neutres et solubles dans l'eau ont une réaction acide; ils se décomposent au rouge. Au *chalumeau* ils donnent avec le *borax* des perles *rouge foncé* dans la flamme intérieure, et *vertes* dans la flamme extérieure. Ces colorations disparaissent en partie ou totalement par le refroidissement.

2. *Sels ferriques.*

Les sels ferriques sont pour la plupart bruns ou rouge-bruns; ils sont solubles dans l'eau ou dans l'acide chlorhydrique; leurs dissolutions sont colorées en brun-jaune. Ceux qui sont solubles dans l'eau possèdent une saveur astringente très-prononcée, analogue à celle de l'encre. Le *ferrocyanure potassique* produit, même dans les dissolutions très-étendues des sels ferriques, un magnifique précipité de bleu de Prusse; le *ferricyanure potassique* ne les précipite pas et ne fait que foncer légèrement leur couleur brune. —L'*infusion de noix de galle* produit avec les solutions des sels ferriques un précipité bleu-noir (encre). — La *potasse caustique* et l'*ammoniaque* précipitent complétement le fer des sels ferriques, même en présence des sels ammoniacaux; ce précipité d'hydroxyde ferrique est volumineux, rouge-brun et insoluble dans un excès du précipitant. Les *carbonates alcalins* produisent le même précipité, en dégageant du gaz carbonique. Les *carbonates barytique ou calcique* précipitent complétement le fer, même à froid, à l'état de sel basique. Cette dernière réaction est importante, car elle permet de séparer le fer du manganèse. — L'*hydrogène sulfuré* ne précipite pas le fer des sels ferriques dont l'acide est énergique, mais il produit un *précipité de soufre* qui rend la liqueur laiteuse, et transforme ces sels en sels ferreux; l'*acide sulfureux* ou une *lame de fer* opèrent également cette transformation. Le *sulfhydrate ammonique* précipite complétement le fer de tous les sels ferriques à l'état de sulfure *noir* mélangé avec du soufre. Le *phosphate sodique* produit un précipité blanc de phosphate ferrique insoluble dans l'acide acétique, réaction importante pour la séparation des phosphates terreux (phosphates barytique, calcique, magnésique, etc.); ce précipité devient brun au contact des alcalis libres, et se dissout dans l'ammoniaque en présence d'un excès de phosphate sodique. Le *sulfocyanure potassique* ne précipite pas les sels ferriques, mais il communique à leurs dissolutions une coloration *rouge de sang* très-intense; cette réaction, extrêmement sensible, permet de reconnaître les plus petites traces de fer. Ce réactif n'a pas d'action sur les sels ferreux. (Voyez *Tableau colorié IV.*)

Les sels ferriques neutres et solubles ont une réaction acide et se décomposent sous l'influence de la chaleur. Au *chalumeau* ils se comportent de la même manière que les sels ferreux.

La présence des matières organiques non volatiles, telles que le sucre, l'albumine, l'acide tartrique, empêchent les précipitations du fer par les alcalis et même par le sulfhydrate ammonique.

NICKEL.

Sels nickeleux.

Les sels nickeleux sont ordinairement jaunes à l'état anhydre, et *verts* lorsqu'ils sont hydratés ou en dissolution. *L'ammoniaque* ne précipite que partiellement le nickel de ses solutions; un excès d'alcali redissout facilement ce précipité, et la couleur verte de la dissolution passe au bleu; la *potasse caustique* produit dans cette dissolution ammoniacale un précipité *vert pomme* d'hydroxyde nickeleux insoluble dans un excès, mais soluble dans les sels ammoniacaux ajoutés en quantité suffisante. Les *carbonates alcalins* déterminent un précipité vert clair, soluble dans un excès; mais les carbonates terreux ne précipitent pas, à froid, les sels nickeleux. Ces sels ne sont pas précipités par *l'hydrogène sulfuré*, de leurs solutions acidifiées par un acide *fort;* le *sulfhydrate* ammonique y détermine toujours un précipité noir de sulfure nickeleux, difficilement soluble dans l'acide nitrique ou l'eau régale. — Le *cyanure potassique* produit un précipité vert jaunâtre de cyanure nickeleux, facilement soluble dans un excès du réactif, avec lequel il forme du nickelocyanure potassique; les acides sulfurique et chlorhydrique précipitent de cette dissolution le cyanure nickeleux, tandis que le cyanure potassique est décomposé avec dégagement d'acide cyanhydrique. Un excès d'acide ne dissout pas à froid le cyanure nickeleux, mais sous l'influence de l'ébullition la dissolution s'effectue avec facilité. (Voyez *Tableau colorié V.*)

Les sels nickeleux neutres et solubles dans l'eau ont une réaction acide; ils se décomposent au rouge. Au *chalumeau* on obtient avec le *borax*, à la flamme extérieure, un verre de couleur jaune foncé à chaud, presque incolore à froid; dans la flamme intérieure le verre se trouble et devient gris, par suite de la réduction du nickel à l'état métallique.

COBALT.

Sels cobalteux.

A l'état anhydre les sels cobalteux sont ordinairement bleus; leurs dissolutions concentrées ont la même couleur, mais, quand elles sont étendues, elles possèdent une teinte rouge clair toute spéciale. — La *potasse caustique* détermine dans ces solutions des précipités de sels cobalteux basiques, sous la forme de flocons bleus, qui deviennent roses par l'ébullition en se transformant en hydroxyde cobalteux mélangé d'une quantité plus ou moins considérable d'oxyde cobalteux. Exposés au contact de l'air, ces précipités bleus passent au vert olive ou au violet sale en absorbant de l'oxygène. A l'abri du contact de l'air, les sels ammoniacaux empêchent cette précipitation par la potasse. *L'ammoniaque* agit comme la potasse, mais ne précipite qu'une partie du cobalt à l'état de sel basique soluble dans un excès de précipitant; cette solution ammoniacale, colorée en rouge pur, absorbe facilement l'oxygène de l'air et dépose alors de l'hydroxyde brun. — Les *carbonates* alcalins produisent dans les solutions des sels de cobalt un précipité de carbonate cobalteux, coloré en rouge fleur de pêcher, facilement soluble dans un excès de carbonate ammonique. Les carbonates terreux ne donnent à froid aucun précipité.—*L'hydrogène sulfuré* ne précipite pas les dissolutions des sels cobalteux acidifiées par un acide fort, mais il précipite tout le cobalt en présence d'un excès d'acétate alcalin. Le *sulfhydrate ammonique* précipite complétement le cobalt à l'état de sulfure *noir*, insoluble dans un excès de précipitant. — Le *cyanure potassique* détermine, dans les dissolutions acides des sels cobalteux, un précipité blanc brunâtre de cyanure cobalteux, soluble à chaud dans un excès de précipitant, en présence de l'acide cyanhydrique libre. — Les acides ne précipitent plus le cyanure cobalteux de cette dissolution, parce qu'il est entré en combinaison avec le cyanure potassique pour former du *cobaltocyanure potassique* indécomposable par les acides. Cette réaction permet de distinguer le nickel du cobalt. Lorsque les sels de ces deux métaux sont mélangés, les acides déterminent toujours un précipité dans les dissolutions des cyanures de ces métaux dans un excès de cyanure potassique; mais, dans ce cas, ils précipitent du *cobaltocyanure nickeleux*, qui peut d'ailleurs être mélangé avec du cyanure nickeleux quand le nickel prédomine. (Voyez *Tableau colorié VI.*)

Les sels cobalteux neutres et solubles ont une réaction acide et sont décomposés au rouge. — Au *chalumeau*, tous les sels cobalteux donnent, avec le borax, tant à la flamme extérieure qu'à la flamme intérieure, un verre d'un beau *bleu*. Cette réaction est caractéristique.

PLOMB.

Sels plombiques.

Les sels plombiques dont l'acide n'est pas coloré, sont incolores; ceux qui sont solubles dans l'eau, possèdent une saveur sucrée et astringente. La *potasse caustique* y détermine un précipité blanc d'hydroxyde plombique, ou de sels basiques, soluble dans un excès; l'*ammoniaque* donne le même précipité insoluble dans un excès. Cet alcali ne détermine pas de précipité dans la solution d'acétate plombique, parce qu'il s'y forme de l'acétate plombique tribasique soluble dans l'eau. — Les *carbonates alcalins* donnent un précipité blanc de carbonate plombique insoluble dans un excès de précipitant, mais complétement soluble dans la potasse caustique. — L'*hydrogène sulfuré*, même dans les liqueurs acides, et le *sulfhydrate ammonique* déterminent toujours dans les sels plombiques un précipité *noir* de sulfure, insoluble dans les acides étendus, ainsi que dans un excès de sulfure alcalin.—Les sels plombiques sont encore précipités par l'*acide sulfurique* en blanc; ce précipité de sulfate plombique, insoluble dans les acides, est très-soluble dans le tartrate ammonique, ce qui le distingue du sulfate barytique; — par l'*acide chlorhydrique* ou les *chlorures solubles* en blanc, lorsque les liqueurs sont froides et suffisamment concentrées, ce précipité est insoluble dans l'ammoniaque qui n'altère pas sa couleur; — par l'*iodure potassique* en *jaune*; par le chromate potassique également en *jaune;* — enfin, par le *ferrocyanure potassique*, l'*acide oxalique* et le *phosphate* sodique en blanc. — Le *zinc* précipite le plomb à l'état métallique de ses dissolutions, sous la forme de paillettes brillantes (arbre de Saturne). (Voyez *Tableau colorié VII.*)

Les sels plombiques neutres et solubles ont une réaction acide et se décomposent au rouge.

Chauffés au *chalumeau* sur du charbon et avec de la *soude*, les sels plombiques donnent facilement des globules métalliques mous et *malléables*, et le charbon se recouvre d'un enduit *jaune*.

ARGENT.

Sels argentiques.

Ces sels sont généralement incolores; ceux qui sont solubles dans l'eau, possèdent une saveur métallique et sont vénéneux. La *potasse caustique* donne un précipité brun d'oxyde argentique. L'*ammoniaque* en très-petite quantité donne le même précipité; mais il est soluble dans le moindre excès de cet alcali, et ne prend pas naissance dans les dissolutions acides. Les *carbonates alcalins* produisent un précipité blanc de carbonate argentique, soluble dans un excès de carbonate ammonique. L'*hydrogène sulfuré* et le *sulfhydrate ammonique* donnent un précipité *brun noir* de sulfure argentique, insoluble dans un excès de sulfure alcalin. Avec l'*acide chlorhydrique* et les *chlorures solubles* on obtient un précipité blanc caséeux de chlorure argentique, insoluble dans l'acide nitrique, mais très-soluble dans l'ammoniaque; ce précipité, exposé à la lumière, passe au bleu violacé et finit par devenir noir. — Les sels argentiques donnent en outre un précipité *blanc* avec le *ferrocyanure potassique*, *blanc jaunâtre* avec l'*iodure potassique*, et rouge brun avec le chromate potassique. — Le *zinc*, le *cuivre*, le *mercure* et plusieurs autres métaux, ainsi que le *sulfate ferreux*, précipitent à l'état métallique l'argent de ses dissolutions. (Voyez *Tableau colorié VIII.*)

Les sels argentiques neutres et solubles n'ont pas d'action sur les réactifs colorés; ils sont tous décomposés au rouge, et laissent pour la plupart de l'argent métallique.

MERCURE.

1. *Sels mercureux.*

Les sels mercureux neutres sont généralement incolores; les sels basiques sont jaunes. L'eau décompose beaucoup de sels neutres; il se forme alors un sel basique qui se précipite, tandis qu'un sel acide reste en dissolution.

La *potasse caustique* et l'*ammoniaque* déterminent dans les dissolutions des sels mercureux un précipité *noir* d'oxyde mercureux; les *carbonates alcalins* donnent un précipité jaune sale noircissant très-rapidement L'*hydrogène sulfuré* et le *sulfhydrate ammonique* précipitent instantanément du sulfure mercureux *noir*, insoluble dans les sulfures alcalins, mais soluble dans la potasse caustique avec séparation de mercure métallique. — L'*acide chlorhydrique* et les *chlorures solubles* donnent un précipité *blanc* de chlorure mercureux, qui devient *noir* au contact des alcalis caustiques et de l'ammoniaque, en se transformant en oxyde mercureux. Les sels mercureux donnent encore : un précipité *blanc* avec le *ferrocyanure potassique*; un précipité *jaune verdâtre* avec l'*iodure potassique* (ce précipité noircit par un excès de réactif et se dissout ensuite); un précipité d'un *rouge vif* avec le *chromate potassique*. (Voyez *Tableau colorié IX.*)

2. *Sels mercuriques.*

Les sels mercuriques neutres sont généralement incolores ; les sels basiques sont jaunes ; ils possèdent une saveur métallique désagréable et sont *très-vénéneux.* Une quantité d'eau considérable décompose plusieurs sels mercuriques (le sulfate et le nitrate) en sels basiques qui se précipitent, et en sels acides qui restent en dissolution. — La *potasse caustique* détermine dans les dissolutions des sels mercuriques un précipité *jaune rougeâtre* d'oxyde mercurique ; avec un excès de potasse cette couleur passe au *jaune pur.* L'*ammoniaque* donne des précipités *blancs* de sels basiques ; ces mêmes précipités se forment également avec la potasse en présence des sels ammoniacaux.

Le *carbonate potassique* y détermine un précipité rouge , insoluble dans un excès de précipitant, et le *carbonate ammonique* donne un précipité blanc.

L'*hydrogène sulfuré* et le *sulfhydrate ammonique* ajoutés en excès à la solution d'un sel mercureux, donnent toujours un précipité *noir* de sulfure mercurique insoluble dans les sulfures alcalins ; si l'on n'emploie qu'une très-petite quantité de précipitant, le précipité, au lieu d'être noir, est tout-à-fait *blanc*, parce qu'il se forme une combinaison double de sulfure et de sel mercurique; une plus grande quantité de sulfure donne un précipité jaune rougeâtre plus ou moins foncé, qu'un excès transforme en sulfure noir. — L'acide *chlorhydrique* ne précipite pas les sels mercuriques. —Le *ferrocyanure potassique* donne un précipité blanc, qui se décompose au contact de l'air en bleu de Prusse et en cyanure mercurique. — Avec l'*iodure potassique* on obtient un précipité *rouge vif*, très-soluble dans un excès de précipitant, ainsi que dans un excès de sel mercurique. Le *chromate* potassique donne un précipité également d'un beau *rouge*. (Voyez *Tableau colorié X.*)

Les caractères communs aux sels mercureux et mercuriques, sont les suivants : les acides *sulfureux* et *phosphoreux*, le *chlorure stanneux* et le *cuivre métallique* précipitent du mercure métallique de tous les sels mercuriels en dissolution; dans cette réaction, les sels mercuriques se transforment d'abord en sels mercureux, et avec le *chlorure stanneux* on obtient, dans ce cas, un précipité blanc de *chlorure mercureux*, mais un excès de réactif le décompose en mercure métallique. Si l'on met une goutte de la solution d'un sel de mercure sur une lame de cuivre, on obtiendra une tache grise qui deviendra brillante par le frottement, et devra disparaître sous l'influence de la chaleur.— Tous les sels de mercure se volatilisent à la chaleur rouge, les uns sans décomposition, les autres en mettant leur mercure en liberté. Si l'on chauffe une combinaison mercurielle quelconque en présence d'un carbonate alcalin légèrement humecté, dans un tube fermé par un bout, le mercure est toujours mis en liberté, et se condense sur les parois froides du tube en petits globules seulement reconnaissables au moyen d'une loupe. — Les sels mercureux ou mercuriques neutres et solubles dans l'eau ont une réaction acide.

BISMUTH.

Sels bismuthiques.

Les sels bismuthiques sont en général incolores : les uns sont insolubles et les autres solubles dans l'eau ou plutôt dans les acides étendus. Lorsqu'on ajoute une assez grande quantité d'eau à l'une de ces solutions, il se forme un précipité blanc d'un sel basique, tandis que un seul acide reste en dissolution. Cette réaction est surtout caractéristique pour la dissolution du *chlorure bismuthique;* la presque totalité du bismuth est précipitée par une suffisante quantité d'eau. Ce précipité est insoluble dans l'acide tartrique, ce qui distingue immédiatement les dissolutions du bismuth de celles de l'antimoine. La *potasse caustique* et l'*ammoniaque* déterminent un précipité blanc d'hydroxyde bismuthique, insoluble dans un excès de précipitant, et qui devient *jaune* par l'ébullition. Les *carbonates potassique* ou *ammonique* donnent un précipité blanc de carbonate bismuthique, à peu près insoluble dans un excès de carbonate ammonique (ce qui permet de séparer facilement le bismuth du cuivre et du cadmium). — L'*hydrogène sulfuré* ou le *sulfure ammonique* déterminent, dans toutes les solutions des sels bismuthiques, un précipité *noir* de sulfure, insoluble dans un excès de sulfure alcalin. — Les sels bismuthiques donnent encore des précipités: *blanc* avec le ferrocyanure potassique, *brun-noir* avec l'iodure potassique et *jaune* avec le chromate potassique. — Une lame de *zinc* (de cuivre ou d'étain) précipite le bismuth à l'état métallique et sous la forme d'une masse spongieuse *noire*. (Voyez *Tableau colorié XI.*)

Le bismuth n'est pas précipité par l'acide sulfurique de ses dissolutions; cette réaction permet de le séparer facilement du plomb. — Les sels bismuthiques neutres et solubles possèdent une réaction acide. A l'exception du chlorure, ils sont fixes, mais se décomposent au rouge. — Chauffés au *chalumeau*, sur du charbon et avec de la soude, ils donnent facilement des grains métalliques *cassants*, sous le marteau, et le charbon se recouvre d'un léger enduit jaune.

CUIVRE.

Sels cuivriques.

Les sels cuivriques anhydres sont blancs ; hydratés ou en dissolution, leur couleur est généralement bleue et quelquefois verte. — La *potasse caustique* y détermine un précipité *bleu clair* d'hydroxy de cuivrique, insoluble dans un excès et qui *noircit* par l'ébullition en se transformant en oxyde. L'*ammoniaque* ajoutée en très-faible quantité à la solution d'un sel cuivrique, donne le même précipité (quelquefois aussi un sel basique vert) très-soluble dans un excès, et la liqueur prend alors une belle coloration bleu foncé. — Toutes les dissolutions des sels cuivriques sont précipitées en *noir* par l'*hydrogène sulfuré* ou le *sulfhydrate ammonique ;* ce précipité est insoluble dans un excès de sulfure alcalin, mais complétement *soluble* dans le *cyanure potassique*, ce qui permet d'opérer avec facilité la séparation du cuivre et du cadmium. Les sels cuivriques sont encore précipités : en *rouge marron* par le ferrocyanure potassique (réaction très-sensible); en *blanc* par l'*iodure potassique*, si la dissolution est *préalablement* mélangée avec de l'*acide sulfureux ;* en *rouge brun* par le *chromate potassique*, et en *vert clair* par l'*arsénite potassique.* — Le cuivre est précipité à l'état métallique de ses dissolutions par une lame de fer. (Voyez *Tableau colorié XII.*)

Les sels cuivriques neutres et solubles ont une réaction acide et sont décomposés à la chaleur rouge. — Au *chalumeau* les combinaisons du cuivre donnent avec la soude et sur le charbon des paillettes ou des grains de cuivre métallique ; avec le borax et le sel de phosphore, on obtient à la flamme extérieure des perles d'une belle couleur verte.

CADMIUM.

Sels cadmiques.

Les sels cadmiques sont généralement incolores et solubles dans l'eau. La *potasse caustique* détermine dans leurs dissolutions un précipité *blanc* insoluble dans un excès; l'*ammoniaque* donne le même précipité, mais il est très-soluble dans un excès; avec le *carbonate potassique* on a un précipité blanc de carbonate cadmique. Toutes les solutions cadmiques sont précipitées en *beau jaune* par l'*hydrogène sulfuré* et le *sulfhydrate ammonique;* le précipité est insoluble dans un excès de sulfure alcalin : cette réaction est caractéristique. — Les sels cadmiques donnent encore des précipités : *blanc jaunâtre* avec le ferrocyanure potassique, et *jaune* avec le *chromate potassique.* — Le *zinc* précipite le cadmium à l'état métallique de ses dissolutions. (Voyez *Tableau colorié XIII.*)

Les sels cadmiques neutres et solubles rougissent les couleurs végétales et sont décomposés au rouge.

OR.

Sels auriques.

La dissolution de l'or dans l'eau régale possède une couleur rouge jaunâtre quand elle est concentrée, et jaune lorsqu'on l'étend avec de l'eau. Cette solution donne avec la *potasse caustique* un précipité brun clair, et un précipité jaune de fulminate avec l'*ammoniaque.* — *L'hydrogène sulfuré* et le *sulfhydrate ammonique* y déterminent un précipité noir de sulfure aurique, insoluble dans l'acide nitrique, mais soluble dans l'eau régale et dans un excès de sulfure alcalin. — Le *ferrocyanure potassique* y détermine une belle coloration d'un vert émeraude.—*Le chlorure stanneux* donne, suivant la concentration des liqueurs, un précipité brun rouge ou pourpre (pourpre de Cassius). — Beaucoup de corps et notamment l'acide oxalique, le sulfate ferreux, une lame de zinc, précipitent l'or sous la forme d'une poudre brune. (Voyez *Tableau colorié XIV.*)

Les sels auriques possèdent une réaction acide et sont facilement décomposés au rouge.

PLATINE.

Sels platiniques.

Le platine ne se dissout que dans l'eau régale, en donnant du chlorure platinique. Après l'évaporation on obtient une masse d'un brun rouge, très-soluble dans l'eau, à laquelle elle communique une couleur rouge foncé. La *potasse* et l'*ammoniaque*, ainsi que les sels potassiques ou ammoniques, y déterminent un précipité cristallin d'une belle couleur jaune, et qui est du *chloroplatinate potassique* ou du *chloroplatinate ammonique.* Ces précipités sont très-peu solubles dans l'eau et presque insolubles dans les liqueurs alcooliques. Lorsqu'on les calcine, le premier laisse un mélange de platine et de chlorure de potassium, le second donne un résidu de platine pur. — Les sels sodiques ne précipitent pas les solutions platiniques. — L'*hydrogène sulfuré* donne un précipité *brun noir* qui ne se dépose pas immédiatement. Le *sulfhydrate ammonique* produit le même précipité, insoluble dans l'acide nitrique, mais soluble dans l'eau régale, ainsi que dans un grand excès de sulfure alcalin. Le *sulfate ferreux* ne précipite pas la solution de chlorure platinique; le *chlorure stanneux* la colore en brun rouge oncé. Le *zinc* y produit un précipité de platine métallique. (Voyez *Tableau colorié XV.*)

Tous les sels platiniques sont décomposés au rouge; leurs dissolutions ont une réaction acide.

ANTIMOINE.

Sels antimoniques.

Les sels d'antimoine sont vomitifs et vénéneux ; ils sont décomposés par l'eau en sels basiques insolubles et en sels acides qui restent en dissolution ; l'acide tartrique fait disparaître le précipité produit par l'eau, ce qui distingue les dissolutions de ces sels de celles du bismuth. — La *potasse,* l'*ammoniaque* et les *carbonates* alcalins donnent un précipité *blanc* d'hydroxyde d'antimoine, soluble dans un excès de potasse. — L'*hydrogène sulfuré* précipite complétement l'antimoine de ses dissolutions *acides* à l'état de sulfure *jaune orangé,* soluble dans un excès de *sulfhydrate ammonique.* — Une lame de *zinc* ou de *fer* précipite l'antimoine (à l'état métallique) de ses dissolutions, sous la forme d'une poudre noire. (Voyez *Tableau colorié XVI.*)

Certains sels d'antimoine sont en partie décomposés au rouge, tandis que d'autres (*les chlorures*) se volatilisent facilement sans décomposition. — Les sels neutres solubles ont une réaction acide. — Toutes les combinaisons de l'antimoine, mélangées avec du cyanure de potassium et de la soude, donnent, à la flamme intérieure du chalumeau, des globules *cassants* d'antimoine métallique, et le charbon se recouvre d'un enduit blanc.

ÉTAIN.

1. *Sels stanneux.*

Les sels stanneux sont incolores et possèdent une saveur styptique très-persistante. La *potasse caustique* y détermine un précipité blanc d'hydroxyde stanneux, soluble dans un excès de précipitant ; l'*ammoniaque* et les carbonates alcalins donnent la même réaction, mais le précipité ne se redissout pas dans un excès.

—Avec l'*hydrogène sulfuré* on obtient un précipité brun de sulfure stanneux ; ce précipité se redissout dans le *sulfhydrate ammonique* fortement chargé de soufre. Les sels stanneux réduisent les sels cuivriques , ferriques et mercuriques, et les transforment en sels cuivreux, ferreux et mercureux ; pour ces derniers le mercure peut même être réduit à l'état métallique; avec les dissolutions auriques ils donnent également de l'or métallique. (Voyez *Tableau colorié XVII.*)

Les sels stanneux sont décomposés par la chaleur; au contact de l'air ils absorbent l'oxygène et se transforment en sels stanniques; les sels neutres solubles possèdent une réaction acide.

2. *Sels stanniques.*

Les dissolutions de sels stanniques sont incolores. La *potasse*, l'*ammoniaque* et les *carbonates* alcalins y déterminent un précipité gélatineux d'hydroxyde stannique, très-soluble dans un excès de potasse ; l'ammoniaque le dissout moins facilement. — L'*hydrogène sulfuré* donne surtout avec le concours de la chaleur, un précipité jaune de sulfure stannique, facilement soluble dans un excès de sulfhydrate ammonique, ainsi que dans la potasse et l'acide chlorydrique ; l'acide nitrique le transforme en oxyde stannique insoluble. (Voyez *Tableau colorié XVIII.*)

Les sels stanniques se décomposent au rouge; leurs dissolutions possèdent une réaction acide. — Le zinc et le plomb précipitent l'étain à l'état métallique de ses dissolutions. — Les combinaisons de l'étain mélangées avec de la *soude* et *du cyanure potassique* et chauffées sur du charbon à la flamme intérieure du chalumeau , donnent un globule d'étain métallique sans qu'il se forme un enduit.

—

TROISIÈME PARTIE.

MÉTHODES ET PROCÉDÉS ANALYTIQUES.

ESSAIS PRÉLIMINAIRES.

Avant de soumettre un corps à l'action des réactifs, l'analyste doit examiner avec soin ses propriétés physiques, et chercher à acquérir des connaissances générales sur sa nature en le soumettant à quelques essais, toujours très-simples.

Le corps peut être volatil, sublimable ou combustible; certaines de ses parties peuvent éprouver une décomposition à une température élevée. C'est ce que l'on apprend immédiatement, en chauffant une petite quantité de la substance, au contact de l'air, sur une lame de platine ou dans un tube à essai. Il faut observer s'il se dégage des gaz acides ou combustibles, ainsi que les produits de la décomposition des matières organiques, et s'assurer si le corps soumis à l'analyse aisse un résidu fixe. Lorsqu'il se dégage des gaz inlcombustibles, il faut examiner s'ils entretiennent ou empêchent la combustion. Beaucoup de composés minéraux laissent dégager de l'eau lorsqu'on les chauffe. Cette eau peut être neutre, acide ou alcaline, c'est ce dont il faut s'assurer en examinant son action sur les papiers réactifs. Les combinaisons métalliques des acides organiques laissent souvent par la calcination un mélange de charbon et de métal réduit. La substance minérale que l'on examine, peut aussi être mélangée à des matières organiques qui masquent les caractères de plusieurs corps et entravent leur séparation. Dans ce cas on facilite l'analyse, en détruisant la matière organique par un grillage complet au contact de l'air (1).

Certaines substances, telles que les chlorates et les nitrates, sont décomposées avec violence en présence des matières combustibles, à une température élevée. On recherche la présence des corps de cette nature, en projetant une petite quantité de la matière sur des charbons incandescents, et examinant si elle fuse, détone ou active la combustion.

ESSAIS AU CHALUMEAU.

A l'aide du chalumeau on constate immédiatement la présence ou l'absence de groupes entiers de corps, et souvent on arrive en outre à déterminer plusieurs métaux d'une manière aussi prompte que sûre. Ces essais ont donc une grande importance, on y procède dans l'ordre suivant :

1° On chauffe une parcelle de la substance seule dans la flamme du chalumeau, afin de rechercher si elle est fusible ou infusible, ou si elle détermine une coloration de la flamme extérieure. Les sels potassiques colorent la flamme en *violet*, les sels sodiques en *jaune*, les sels strontiques et calciques en *rouge cramoisi ;* les sels barytiques, l'oxyde cuivrique, et surtout l'iodure cuivrique, ainsi que les acides phosphorique et borique, en *vert* ; le chlorure et le bromure de cuivre, ainsi que le plomb, l'arsenic et l'antimoine, en *bleu*.

2° On chauffe la substance seule dans un tube ouvert

(1) Ce grillage doit être fait dans un creuset ou une capsule de porcelaine. Il ne faut jamais employer des vases de platine ou d'argent pour le grillage des combinaisons métalliques ou arsénicales, car ils sont facilement perforés par les alliages fusibles qui se forment dans ces circonstances.

par les deux bouts, et l'on examine si par le grillage il se développe une odeur sulfureuse ou arsénicale.

3° On dépose une petite quantité de la substance dans un trou fait sur un charbon, et l'on dirige sur elle la flamme de réduction. La matière peut être volatilisée partiellement ou en totalité, et contenir alors, outre les sels ammoniacaux et les matières sulfurées ou arsénicales, quelques métaux, tels que le *mercure* et *l'antimoine;* ce dernier se volatilise en donnant une fumée blanche. La substance peut aussi fondre et *entrer dans les pores du charbon*, ce qui indique la présence des alcalis; elle peut donner un grain de métal réduit, avec ou sans *enduit*, qui recouvre le charbon : s'il n'y a pas d'enduit, le métal peut être de l'*or*, de l'*argent*, de l'*étain* ou du *cuivre;* si l'enduit est *blanc*, il peut être dû au *zinc* ou à l'*antimoine ;* s'il est plus ou moins jaune ou brun, il peut provenir du *bismuth*, du *plomb* ou du *cadmium*. Il faut, dans tous les cas, examiner si le globule métallique est cassant (*bismuth*), ou se laisse aplatir sous le marteau (*plomb*). — Si la matière ne donne pas de grain métallique et si elle forme une matière blanche, infusible, qui ne pénètre pas dans les pores du charbon, on a particulièrement affaire à la silice ou à une combinaison *barytique*, *strontique*, *calcique*, *magnésique*, *aluminique*, *zincique*. La strontiane et la chaux se distinguent des autres par la coloration vive et caractéristique qu'elles communiquent à la flamme du chalumeau. On humecte très-légèrement avec une solution de nitrate cobalteux la matière préalablement chauffée au rouge, et on chauffe de nouveau très-fortement. La masse se colore en bleu, si c'est de l'*alumine*, en rose très-pâle si c'est de la *magnésie*, et en vert si c'est de l'oxyde de *zinc*. Dans ces circonstances, la silice prend également une teinte bleuâtre ; mais il est facile de distinguer ce corps de l'alumine.

4e On fond une parcelle de la substance successivement avec du carbonate sodique, du borax et du sel de phosphore (phosphate ammoniaco-sodique), et l'on examine si elle se dissout complétement ou en partie seulement, si le verre est opaque ou transparent, coloré ou incolore ; si le verre est coloré, il faut observer la coloration dans la flamme intérieure et dans la flamme extérieure, et voir si elle disparaît, change ou s'affaiblit par le refroidissement.

Ainsi, l'or et le platine nagent dans la perle sans se dissoudre ; la silice et l'oxyde d'étain se dissolvent en petite quantité en donnant des perles incolores. Dans ce dernier cas, une addition d'oxyde ferrique au fondant communique la coloration jaune rougeâtre du fer à la perle chargée de silice, tandis que lorsqu'elle contient de l'oxyde stannique, elle reste incolore. — D'autres substances, notamment les combinaisons de l'*aluminium*, du *zinc*, du *cadmium*, du *plomb*, du *magnésium*, du *baryum* et du *strontium* se dissolvent en abondance dans le fondant, en donnant une perle transparente et incolore à chaud. Plusieurs de ces corps, et surtout la baryte et la strontiane, donnent une perle colorée en blanc d'émail après le refroidissement. — Lorsque la substance se dissout facilement et en grande quantité dans le fondant, en donnant une perle colorée à chaud, elle contient du *manganèse*, du *chrome*, du *fer*, du *nickel*, *du cobalt*, du *cuivre*, du *bismuth* ou de l'*argent*. La couleur de la perle est souvent caractéristique. Le manganèse communique au verre une couleur *rouge améthyste*, qui disparaît au feu de réduction. — Le chrome donne, soit à la flamme extérieure, soit à la flamme intérieure, une perle colorée en *beau vert* après le refroidissement. — Avec le cobalt, on obtient, dans les deux flammes, une perle fortement colorée en *bleu pur,* soit à chaud, soit à froid. — Le cuivre donne une perle *verte,* passant au *bleu* par le refroidissement et au *rouge* dans la flamme réductrice. Lorsque ces colorations se manifestent d'une manière tranchée, elles suffisent à la détermination du métal auquel elles se rapportent (1).

DISSOLUTION ET DÉSAGRÉGATION DES CORPS. CALCINATION DES PRÉCIPITÉS ET INCINÉRATION DES FILTRES.

Les essais préliminaires qui viennent d'être indiqués, conduisent l'analyste à des connaissances générales sur la nature du corps, dont il doit maintenant déterminer toutes les parties constituantes par l'emploi méthodique des réactifs. L'analyse par *voie humide* exige que les corps soient à l'état de *dissolution :* il faut donc les rendre solubles, s'ils ne le sont déjà. On commence par *pulvériser* le corps et par le réduire en poudre impalpable; ce point est capital, car la facilité d'exécution de l'analyse et l'exactitude des résultats peuvent souvent en dépendre. Il faut examiner alors, si le corps est complétement soluble dans l'eau, ou s'il ne l'est qu'en partie : dans ce dernier cas, une goutte de la liqueur, évaporée sur une lame de platine, doit laisser une tache très-sensible. La partie soluble et le résidu insoluble sont examinés séparément.

(1) Nous ne saurions trop engager les commençants qui désirent se familiariser avec l'emploi du chalumeau en analyse minérale, à prendre pour guide l'excellent petit ouvrage de M. Laurent, ayant pour titre : *Précis de Cristallographie, suivi d'une méthode simple d'analyse au chalumeau.* Prix : 1 f 25. Paris, V. Masson.

Si le corps est insoluble dans l'eau, il faut essayer l'action de l'acide chlorhydrique étendu, puis celle du même acide concentré. Ici, il faut porter son attention sur la nature des gaz qui peuvent se dégager : les carbonates donnent avec effervescence du gaz carbonique incolore et inodore ; les peroxydes dégagent du chlore et beaucoup de sulfures métalliques de l'hydrogène sulfuré. L'acide chlorhydrique peut dissoudre complétement le corps ou laisser un résidu; dans ce dernier cas, on a toujours opéré la séparation complète de plusieurs parties du composé, et le résidu, séparé avec soin de la liqueur, doit être examiné à part. — Quand le corps ne se dissout ni dans l'eau pure, ni dans les acides chlorhydrique ou nitrique très-étendus, et qu'il résiste également à l'action de l'acide chlorhydrique concentré, on a recours à l'acide nitrique concentré ou même à l'eau régale. Beaucoup de sulfures métalliques abandonnent du soufre, lorsqu'on les traite par l'acide nitrique; ce dépôt de soufre est toujours accompagné de la formation d'acide sulfurique, que l'on sépare par filtration et que l'on dose à l'état de sulfate barytique; le soufre libre, retenu sur le filtre, est déterminé directement ; en ajoutant ce poids à celui du soufre qui se trouve dans le sulfate barytique, on a la quantité totale de soufre contenu dans la substance. — Enfin, si le corps ne se dissout dans aucun des acides employés, l'on a affaire à une combinaison qui peut renfermer des sulfates, certains phosphates et arséniates, ou un chlorure, un bromure et un iodure. Par l'ébullition avec une dissolution concentrée de carbonate sodique, ou par la fusion avec ce sel sec, ces corps sont décomposés ; et, après s'être débarrassé, par des lavages à l'eau, des nouveaux sels sodiques qui ont pris naissance, on a un résidu de carbonates qui se dissout facilement dans l'acide chlorhydrique : il faut alors examiner séparément les deux dissolutions, et déterminer les genres salins dans la solution sodique et les métaux dans la solution chlorhydrique.

Les silicates naturels ou artificiels (verres, porcelaines, etc.), qui ne sont pas désagrégés par les acides puissants, doivent être attaqués par le carbonate sodique au creuset de platine, ou par la potasse caustique au creuset d'argent. La masse fondue, étant traitée par l'acide chlorhydrique, donne un dépôt ordinairement abondant de silice gélatineuse, légèrement soluble dans la liqueur; mais, en évaporant à sec et calcinant assez fortement le résidu, la silice devient complétement insoluble dans l'acide chlorhydrique concentré, tandis que tous les autres corps s'y dissolvent d'une manière complète. On recueille la silice sur un filtre, et on la lave à l'eau bouillante, jusqu'à ce qu'une goutte de la liqueur, évaporée sur une lame de platine, ne laisse pas la plus légère trace de résidu. Cela fait, on dessèche complétement, au bain-marie, le filtre avec son contenu; on sépare ensuite la silice du papier, aussi exactement que possible, et, après l'avoir calcinée dans un creuset de platine, on la pèse. Quant à la petite quantité de silice qui est restée adhérente au filtre, on la détermine de la manière suivante : on incinère le filtre dans un creuset ou une capsule de platine, et, lorsque le charbon a été complétement brûlé, on détermine le poids du résidu, dont il faut défalquer celui des cendres laissées par le filtre. La méthode de dosage qui vient d'être décrite, est employée pour la détermination de tous les corps qui sont fixes et indécomposables au feu, et qui ne peuvent pas être altérés par l'incinération du charbon du filtre, comme cela a lieu, par exemple, pour le chlorure d'argent. Aussi ne doit-on jamais recueillir ce corps sur un filtre; il faut le laver par décantation, puis le dessécher, le fondre et le peser.

DIVISION DES CORPS EN GROUPES ANALYTIQUES.

Lorsqu'on est parvenu à dissoudre le corps soumis à l'analyse, d'après l'un des procédés indiqués, on se pose cette question : Quelles sont les substances qui se trouvent dans la dissolution ? Pour la plupart des combinaisons fixes, l'analyste connaît déjà, par l'essai préliminaire, par les réactions au chalumeau, ainsi que par l'action des dissolvants, les substances sur lesquelles doit plus particulièrement porter son attention; mais tel n'est pas toujours le cas, et d'ailleurs ces moyens sont insuffisants. La question sur la présence de tel ou tel corps doit actuellement trouver sa réponse, par le mélange de la dissolution avec les divers réactifs. Les phénomènes qui se manifestent dans ces circonstances, sont dus à la formation de nouvelles combinaisons chimiques, dont les caractères tranchés et les propriétés bien connues nous permettent de déterminer avec certitude, successivement la présence de tous les corps qui font partie de la substance soumise à l'analyse. Toutefois, il est facile de prévoir que l'on ne doit pas ajouter à la dissolution un réactif quelconque, choisi arbitrairement; on aura soin, au contraire, de suivre une marche systématique, et d'observer les réactions dans un ordre déterminé. Cette marche, cet ordre, la méthode analytique, en un mot, reposent sur l'emploi d'un certain nombre de *réactifs généraux*. Sous ce nom, on désigne les réactifs qui se comportent, dans les mêmes circonstances, d'une manière identique ou tout au moins semblable à l'égard d'un nombre limité de corps, et permettent dès-lors de diviser en *groupes analytiques* tous les corps qui existent dans une dissolution. Par leur emploi, on n'a pas pour but de distinguer ou de séparer un corps d'un autre, bien que, dans des cas innombrables, ils puissent également servir à cet objet; mais on se propose de former, avec leur concours, un premier classement qui facilite et prépare les moyens d'effectuer ensuite les séparations ultérieures de chaque corps, et d'arriver par là à sa détermination. Les réactifs qui sont généralement employés à séparer les corps ou à les caractériser par groupes, sont les suivants :

Réactifs généraux pour les genres salins : le chlorure barytique, le chlorure calcique, le nitrate argentique et le chlorure ferrique.

Réactifs généraux pour les espèces métalliques : l'hydrogène sulfuré, le sulfhydrate ammonique, le carbonate sodique et le ferrocyanure potassique.

La marche à suivre pour diviser tous les corps, genres salins ou métaux, en groupes bien tranchés, est suffisamment tracée sur les deux tableaux suivants. Nous indiquerons à leur suite la manière de distinguer et de séparer, les uns des autres, les corps qui font partie du même groupe.

DIVISION ANALYTIQUE DES GENRES SALINS EN SIX GROUPES.

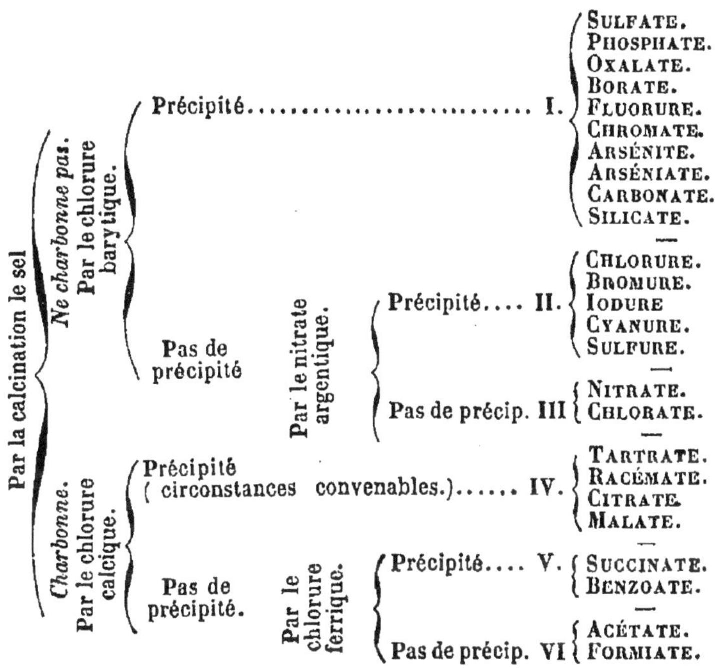

OBSERVATIONS.

Tous les genres salins mentionnés dans ce Tableau doivent exister, dans la dissolution, à l'état de sels alcalins. Il faut de plus que la liqueur soit *neutre* pour les acides du premier groupe ; *acide* pour ceux du second, et neutre pour ceux des quatre derniers groupes.

L'acide oxalique appartient réellement au quatrième groupe ; mais comme il ne charbonne pas par la calcination, on a dû le ranger parmi les genres salins du premier groupe.

DIVISION ANALYTIQUE DES MÉTAUX EN SIX GROUPES.

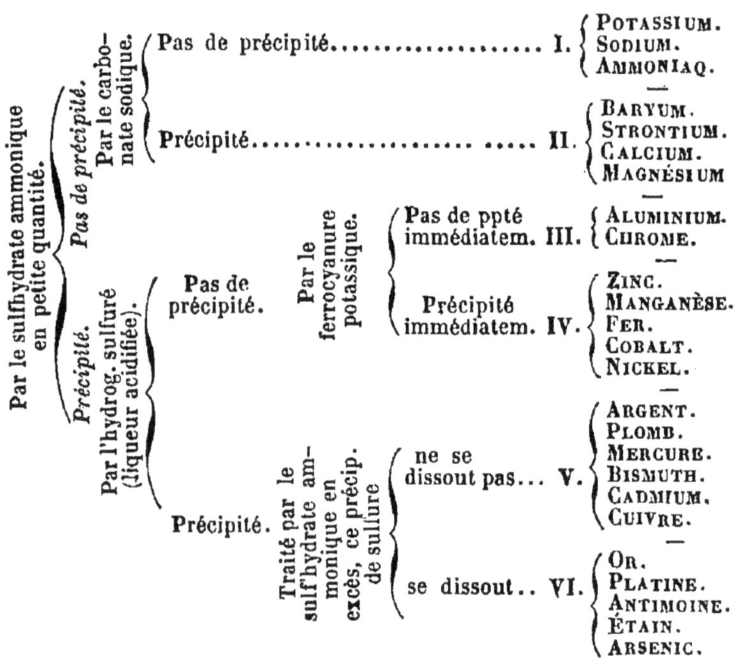

Observations.

La distinction des métaux du troisième groupe de ceux du quatrième repose sur l'emploi du ferrocyanure potassique qui ne précipite pas sur-le-champ les sels aluminiques et chromiques ; mais il faut observer que ce réactif détermine, au bout d'un laps de temps suffisant, un précipité abondant dans les dissolutions des sels aluminiques.

Sous l'influence de l'hydrogène sulfuré, les sels *ferriques* sont transformés en sels ferreux ; cette transformation est accompagnée d'un précipité *blanc* de soufre. Tous les autres précipités produits par l'hydrogène sulfuré, dans les liqueurs acides, sont colorés.

DISTINCTION DES GENRES SALINS FAISANT PARTIE D'UN MÊME GROUPE.

SÉPARATION ET DOSAGE DES ACIDES LES PLUS IMPORTANTS.

—

La division des genres salins en groupes, par l'emploi des réactifs généraux, exige quelque attention. Ainsi, pour caractériser les acides du premier groupe par le chlorure barytique, il est indispensable que la liqueur soit neutre, attendu que, si elle était acide, les sulfates seuls seraient précipités. Il faut au contraire que la liqueur soit acidifiée par l'acide nitrique, quand on recherche, à l'aide du nitrate argentique, les genres salins du second groupe. — L'absence de tout précipité par le chlorure barytique et le nitrate argentique employés successivement, ne peut avoir quelque valeur pour caractériser les acides du troisième groupe, qu'autant que la liqueur est neutre; mais il est nécessaire de rechercher la présence de ces corps, en projetant une petite quantité de la substance sur des charbons incandescents. — Le chlorure calcique suffit toujours pour caractériser les acides du quatrième groupe; mais il ne les précipite pas tous dans les mêmes circonstances. Lorsque ce réactif ne produit aucun précipité à froid, même après une forte agitation, il faudra porter la liqueur à l'ébullition, et si aucun trouble ne se manifeste, la mélanger alors avec de l'alcool. Il faut, en outre, que la liqueur soit neutre et ne renferme aucun acide des groupes précédents susceptible d'être précipité, dans ces circonstances, par le chlorure calcique. — A l'aide du chlorure ferrique, on sépare nettement les acides du cinquième groupe de ceux du sixième, pourvu, toutefois, que la liqueur dans laquelle on opère soit exactement neutralisée.

—

GENRES SALINS DU PREMIER GROUPE.

Sulfate, phosphate, oxalate, borate, fluorure, chromate, arsénite, arséniate, carbonate, silicate.

—

Parmi les genres salins de ce groupe, deux, les carbonates et les silicates, se distinguent immédiatement par la décomposition tout-à-fait caractéristique qu'ils subissent au contact des acides. En ajoutant de l'acide chlorhydrique à la dissolution, les *carbonates* donnent lieu à une vive effervescence, et laissent dégager un gaz incolore et inodore qui précipite en blanc l'eau de chaux, ce précipité de carbonate calcique est d'ailleurs redissout par un excès de gaz carbonique, car il se forme alors un bi-carbonate soluble. Dans les mêmes circonstances, la présence d'un *silicate* est constatée d'une manière tout aussi sûre; les silicates alcalins avec excès de base sont les seuls qui soient solubles, lorsqu'on les traite par les ecides, ils abandonnent leur silice qui apparaît aussitôt dans la dissolution sous la forme d'un dépôt gélatineux.

Le Tableau suivant indique la marche à suivre pour distinguer entre eux les autres genres salins de ce groupe; mais la détermination ainsi effectuée n'aura de valeur, qu'autant qu'elle aura été contrôlée, avec soin, par les réactions particulières de chaque genre salin qui ont été indiquées dans la seconde partie.

—

Le précipité par le chlorure barytique est

- *insoluble* dans l'acide chlorhydrique.. SULFATE.
- *soluble* sans effervescence dans l'ac. chlorhydrique.
  - Ne sont pas décomposés par l'hydrogène sulfuré dans la liqueur acide.
    - Le nitrate argentique forme un précipité dans la liqueur *neutre*.
      - Le précipité est *jaune pâle* et soluble dans l'acide acétique........................ PHOSPHATE.
      - Le précipité est blanc et
        - *insoluble* dans beaucoup d'eau ainsi que dans l'acide acétique, soluble dans l'acide nitrique............ OXALATE.
        - *complétement soluble* dans une suffisante quantité d'eau..................... BORATE.
    - Le nitrate argentique ne précipite pas la dissolution neutre.. FLUORURE.
  - Sont décomposés par l'hydrogène sulfuré dans la liqueur acide.
    - La dissolution primitive est colorée en jaune ou en rouge, et donne un précipité d'un *beau jaune* avec le nitrate plombique... CHROMATE.
    - La dissolution primitive est *incolore* et
      - donne un précipité *jaune* avec le nitrate argentique, *vert clair* avec le sulfate cuivrique.............................. ARSÉNITE.
      - donne un précipité *rouge-brun* avec le nitrate argentique, *bleu verdâtre pâle* avec le sulfate cuivrique..................... ARSÉNIATE.

Observations.—On voit que les corps de ce groupe, quoique nombreux, peuvent facilement être distingués les uns des autres.

Toutefois, il est toujours utile de vérifier ces déterminations par des expériences spéciales. — Pour les oxalates on examinera si la liqueur donne, en présence des sels ammoniacaux, un précipité blanc avec les solutions calciques. — Les borates traités par l'acide sulfurique et mélangés ensuite avec de l'alcool, doivent communiquer une couleur verte à la flamme de ce liquide. —Pour les fluorures, on devra s'assurer si le sel dégage avec l'acide sulfurique, sous l'influence d'une douce chaleur, des vapeurs acides qui corrodent le verre. — Si la dissolution contient des chromates, des arsénites ou des arséniates, on doit déjà avoir reconnu leur présence par l'essai préliminaire et par les réactions au chalumeau. L'action de l'hydrogène sulfuré sur ces corps, les distingue d'ailleurs de tous les autres genres salins de ce groupe. Ce sont, en effet, les seuls qui soient précipités ou décomposés par ce gaz dans leur dissolution acide. L'hydrogène sulfuré précipite à l'état de sulfure jaune l'arsenic des arsénites et des arséniates; ce précipité est soluble dans le sulfhydrate ammonique. On voit que, sous ce rapport, l'arsenic vient se confondre avec les métaux du sixième groupe. Quant aux chromates, l'hydrogène sulfuré ne les précipite pas dans une dissolution suffisamment acide; mais il les décompose toujours, de manière à ce que le chrome n'existe plus à l'état de chromate, mais sous la forme de sel chromique. Sous cette forme il prend place à côté de l'aluminium, dans le troisième groupe des métaux. Les chromates son d'ailleurs caractérisés par la coloration jaune ou rouge, plus ou moins intense, de leur dissolution.

Séparations et dosages.

Sulfates. — Le sulfate barytique étant complétement insoluble dans l'eau et dans les acides , il est toujours facile d'opérer la séparation complète de l'acide sulfurique d'avec les autres acides du même groupe. On acidifie fortement la liqueur par l'acide chlorhydrique, et l'on ajoute un excès de chlorure barytique. On laisse déposer le précipité, et lorsque la liqueur surnageante est tout-à-fait limpide, on le recueille sur un filtre. Son poids sert à calculer celui de l'acide sulfurique ou du sulfate qui existait dans la dissolution.

Phosphates et oxalates. — Lorsqu'un composé contient simultanément ces deux corps, comme cela a lieu pour le guano, on détermine leur quantité respective de la manière suivante. — Si la substance n'est pas soluble dans l'eau, on la dissout dans une quantité aussi faible que possible d'acide chlorhydrique. La dissolution préalablement étendue d'une grande quantité d'eau, est ensuite mélangée avec un excès de chlorure aurico-sodique et portée à l'ébullition. Il se forme ainsi un précipité d'or métallique par suite de la destruction de l'acide oxalique, dont on détermine le poids d'après la quantité de métal réduit.

On fait ensuite passer dans la liqueur un courant d'hydrogène sulfuré, pour la débarrasser de l'excès d'or ; on filtre et on sursature par l'ammoniaque. En ajoutant alors du sulfate magnésique, on précipite complétement l'acide phosphorique à l'état de phosphate ammoniaco-magnésien, que l'on convertit en phosphate magnésique par la calcination. Son poids sert à calculer celui de l'acide phosphorique ou du phosphate. Si le phosphate se trouve être du phosphate calcique, il faut évaporer la dissolution traitée par l'hydrogène sulfuré, ajouter de l'acide sulfurique, puis de l'alcool dans lequel le sulfate calcique est complétement insoluble ; on dose ensuite l'acide phosphorique comme il vient d'être dit.

Borates. — Aucun borate n'étant complétement insoluble dans l'eau, on dose ordinairement l'acide borique par différence.

Fluorures. — Lorsque le métal du fluorure peut former avec l'acide sulfurique un sulfate indécomposable au feu, la manière la plus exacte de doser le fluor consiste à traiter un poids déterminé de la matière avec de l'acide sulfurique, dans un creuset de platine. Par la chaleur on chasse l'excès d'acide sulfurique, et il reste pour résidu un sulfate dont le poids sert à calculer celui du fluor éliminé. — Quand le fluor existe dans une liqueur à l'état de fluorure alcalin, on le précipite par le chlorure calcique sous forme de fluorure calcique; la précipitation ne devient complète que sous l'influence d'un excès d'ammoniaque.

Chromates. — On dose l'acide chromique sous la forme de chromate plombique, toutes les fois que la dissolution ne contient pas un autre acide formant avec le plomb un sel insoluble dans une liqueur neutre. — Pour séparer les chromates des autres genres salins de ce groupe, on ajoute de l'acide chlorhydrique, puis de l'alcool à la dissolution, que l'on porte ensuite à l'ébullition. La liqueur, d'abord rouge, prend une couleur verte, par suite de la réduction du chromate qui est transformé en sel chromique. En ajoutant alors un excès d'ammoniaque à la liqueur maintenue chaude, on précipite complétement le chrome à l'état d'oxyde chromique, dont le poids sert à calculer celui du chromate ou de l'acide chromique.

Arsénites et arséniates. — On dose l'acide arsénieux, en précipitant par un courant d'hydrogène sulfuré l'arsenic à l'état de sulfure arsénieux ; le poids de ce précipité sert à calculer celui de l'arsénite qui existe dans le composé. On opère de même, lorsqu'il s'agit de déterminer un arséniate ; seulement on transforme préalablement ce sel en arsénite, en mélangeant la liqueur avec de l'acide sulfureux. Lorsqu'un composé contient simultanément un arsénite et un arséniate, on a recours à un procédé indirect pour déterminer la quantité de chacun de ces corps. On sursature la liqueur avec l'acide sulfureux ; l'arséniate est réduit et passe à l'état d'arsénite, en transformant une quantité déterminée d'acide sulfureux en acide sulfurique. On acidifie ensuite la liqueur avec de l'acide chlorhydrique ; puis on précipite, par l'hydrogène sulfuré, la totalité de l'arsenic à l'état de sulfure arsénieux, que l'on pèse. Dans la liqueur filtrée on dose l'acide sulfurique sous forme de sulfate barytique, dont le poids sert à calculer celui de l'acide arsénique ou de l'arséniate.

Silicates et Fluorures. — Nous avons déjà indiqué (page 113) la manière de séparer et de doser la silice dans tous les silicates naturels ou artificiels ; lorsque ces combinaisons renferment un fluorure, on détermine les quantités respectives de ces deux corps par le procédé suivant. La substance est réduite en poudre impalpable, introduite dans un petit ballon et mélangée avec un excès d'acide sulfurique ; on adapte aussitôt au ballon, à l'aide d'un bon bouchon, un tube à chlorure de calcium ; puis on pèse tout l'appareil aussi rapidement que possible. On chauffe le ballon ; il se dégage du fluorure de silicium, dont on expulse les dernières traces à l'aide d'une petite pompe à air ;

on détermine sa quantité par la perte de poids qu'a éprouvée l'appareil après son complet refroidissement. D'après le poids de ce gaz on calcule celui du fluor et de la silice. On détermine ensuite, par le procédé ordinaire, la quantité de silice qui reste dans le résidu. — Ce procédé suppose que la combinaison contient une quantité suffisante de silice ; s'il en est autrement, il faut ajouter un poids déterminé de ce corps, que l'on défalque ensuite de la quantité totale trouvée par l'analyse.

Carbonates. — Tous les carbonates étant décomposés par l'acide chlorhydrique, leur présence dans une combinaison ne peut gêner en rien la séparation des autres acides. Quant au dosage de l'acide carbonique, il se fait, soit par différence, soit directement par perte. Lorsque les carbonates sont décomposables par la chaleur, et que la matière soumise à l'analyse ne contient pas d'autre principe volatil, on peut facilement déterminer la quantité d'acide carbonique, en chauffant au rouge blanc un poids déterminé de la combinaison : la perte au feu représente la quantité de gaz carbonique éliminé. — Dans toutes les combinaisons carbonatées anhydres, sans exception, l'acide carbonique peut être éliminé par le borax en fusion et dosé par perte ; cette méthode donne de très-bons résultats. — Lorsqne la substance contient, outre l'acide carbonique, d'autres parties volatiles, on en prend un poids déterminé, que l'on décompose par un acide dans un appareil pesé et disposé de manière à ne laisser dégager que l'acide carbonique. La diminution de poids donne alors le quantité d'acide carbonique. (Voyez, pag. 145, la description de l'appareil dont on fait usage.)

—

GENRES SALINS DU SECOND GROUPE.

Chlorures, Bromures, Iodures, Cyanures et Sulfures.

La détermination des genres de ce groupe ne présente pas de difficulté, lorsqu'un seul d'entre eux existe dans une dissolution : leur caractère fondamental et commun est de donner avec le nitrate argentique un précipité insoluble dans l'acide nitrique étendu. Les *sulfures* doivent déjà avoir été découverts par les essais préliminaires. Ils se reconnaissent d'ailleurs sans peine ; leur action sur les sels de plomb et l'odeur toute particulière de l'hydrogène sulfuré mis en liberté par les acides, sont des caractères tellement certains, qu'il ne peut jamais régner de doute sur la présence ou l'absence de ces corps. — Le Tableau ci-aprés indique la marche à suivre, pour distinguer entre eux les autres corps de ce groupe.

Dans un excès d'ammoniaque, le précipité argentique est
- *soluble*. — Par le sulfate ferroso-ferrique (liqueur acide)
  - pas de précipité. — Par l'eau de chlore (liqueur primitive)
    - reste *incolore* CHLORURE
    - devient *brune*...... BROMURE
  - précipité de bleu de Prusse... CYANURE..
- presque *insoluble*......................... IODURE....

Observations.—Lorsque ces divers corps se trouvent à la fois dans une liqueur, on commence par éliminer les sulfures, à l'aide de l'arsénite potassique et de l'acide nitrique étendu. — A la liqueur débarrassée de sulfure on ajoute une ou deux gouttes d'eau de chlore, et on la mélange ensuite avec la solution d'amidon. Il se produit alors une belle couleur bleue, lorsque la liqueur contient un iodure; cette coloration est détruite par un excès d'eau de chlore.—La production du bleu de Prusse est une réaction caractéristique pour les cyanures, mais elle n'a pas lieu avec le cyanure mercurique. Ce dernier corps exige un examen tout spécial, car il n'est même pas précipité par le nitrate argentique; pour constater sa présence, on le soumet à l'action de la chaleur : il doit se dégager du cyanogène, gaz facile à reconnaître par la belle couleur pourpre de sa flamme.—Pour démontrer la présence simultanée d'un chlorure et d'un bromure dans une dissolution, on la traite d'abord par quelques gouttes d'eau de chlore, pour obtenir la coloration due au brôme mis en liberté; la liqueur, mélangée alors avec la solution d'amidon, ne doit pas se colorer en bleu. Lorsque la coloration brune produite par l'eau de chlore est peu intense, il faut agiter la liqueur avec une petite quantité d'éther, qui se colore fortement en s'emparant de tout le brôme. — On recherche la présence du chlore, en distillant une petite quantité de la substance avec de l'acide sulfurique et du bichromate potassique. Le produit de la distillation, toujours coloré en rouge, soit par du brôme libre, soit par une combinaison chloroxychromique, étant sursaturé par l'ammoniaque, conserve une teinte jaune intense, seulement dans le cas de la présence d'un chlorure, car la liqueur tient alors en dissolution du chromate ammonique.

Séparations et dosages.

Chlorure, Bromure et Iodure. — Lorsqu'une dissolution ne renferme qu'un seul de ces corps, on détermine sa quantité en le précipitant à l'état de sel argentique d'une liqueur acidifiée par l'acide nitrique.

On lave le précipité par décantation, et, après l'avoir desséché et fondu, on le pèse. — Quand ces trois corps existent simultanément dans une liqueur, on opère leur séparation quantitative de la manière suivante : On ajoute à la dissolution, de l'acide sulfureux, puis du sulfate cuivrique; par là, tout l'iode est précipité à l'état d'iodure cuivreux dont on peut déterminer le poids. En ajoutant alors un excès de nitrate argentique à la dissolution, tout le chlore et le brôme sont précipités à la fois à l'état de chlorure et de bromure argentique. On détermine le poids de ce mélange, que l'on chauffe ensuite fortement dans un courant de chlore; la perte de poids qu'il subit dans ces circonstances, et qui résulte de la substitution d'un équivalent de chlore à un équivalent de brôme, sert à calculer la quantité de bromure qui existait dans le précipité; en la retranchant du poids total, on obtient celle du chlorure.

Cyanure. — On peut doser le cyanogène sous la forme de cyanure argentique, toutes les fois que ce corps ne se trouve pas en présence du chlore, du brôme ou de l'iode. Le cyanure argentique étant décomposable à une température élevée, doit être desséché au bain-marie. — La détermination de la quantité de cyanogène qui peut exister dans un précipité argentique, contenant à la fois du chlore, du brôme et de l'iode, se fait par l'analyse organique élémentaire.

Sulfures. — La méthode de dosage la plus exacte consiste à transformer ces composés en sulfates, à l'aide des agents d'oxydation, tels que le nitre, l'acide nitrique fumant, le chlore en présence de l'eau, et à déterminer ensuite l'acide sulfurique sous forme de sulfate barytique. — On peut aussi séparer les sulfures des autres corps de ce groupe, en précipitant le soufre à l'état de sulfure arsénieux dont on détermine directement le poids; mais ce procédé n'est pas applicable aux polysulfures.

GENRES SALINS DU TROISIÈME GROUPE.

Nitrates, Chlorates.

Ces sels n'étant précipités ni par le chlorure barytique, ni par le nitrate argentique, sont faciles distinguer et à séparer des genres salins des deux premiers groupes. D'ailleurs, l'essai préliminaire accuse immédiatement leur présence, car ils déflagrent avec violence et activent vivement la combustion, lorsqu'on les projette sur des charbons incandescents. La distinction des chlorates et des nitrates ne présente pas de difficulté : il suffit de calciner un peu de la matière dans une petite cuiller de fer, et d'examiner si le résidu contient un chlorure.

Le résidu de la calcination, dissous dans l'eau et traité par le nitrate argentique........	ne précipite pas...... NITRATE..
	précipite............ CHLORATE.

Pour démontrer directement la présence d'un nitrate dans un composé, on chauffe une petite quantité de la matière avec de l'acide sulfurique et des rognures de cuivre, et l'on observe s'il se dégage des vapeurs rutilantes.

Dosage.

Nitrates. — L'acide nitrique ne peut pas être dosé par précipitation, car tous les nitrates sont solubles dans l'eau; on détermine sa quantité par différence ou par perte. Lorsqu'une substance ne renferme pas d'autres principes volatils ou altérables par la chaleur que des nitrates, on dose l'acide nitrique, en mélangeant intimement une quantité déterminée de la matière avec du borax fondu, et calcinant ce mélange dans un creuset de platine : l'acide nitrique seul est volatilisé ; la diminution de poids indique sa quantité.

Chlorates. — On dose l'acide chlorique en décomposant le chlorate par la chaleur, dissolvant le résidu dans l'eau, et précipitant la dissolution par un excès de nitrate argentique. Le poids du chlorure argentique ainsi obtenu, sert à calculer celui du chlorate.

GENRES SALINS DU QUATRIÈME GROUPE.

Tartrate, Citrate, Racémate, Malate.

Pour constater dans une liqueur la présence de tous ces sels ou de l'un d'entre eux, on commence par la rendre faiblement ammoniacale ; puis on ajoute du chlorure calcique. Il doit alors se former un précipité, soit à froid après l'agitation du mélange, soit à chaud, soit enfin par l'addition de l'alcool. Les circonstances dans lesquelles ce précipité prendra naissance, peuvent servir à distinguer ces genres salins les uns des autres, comme l'indique le Tableau suivant :

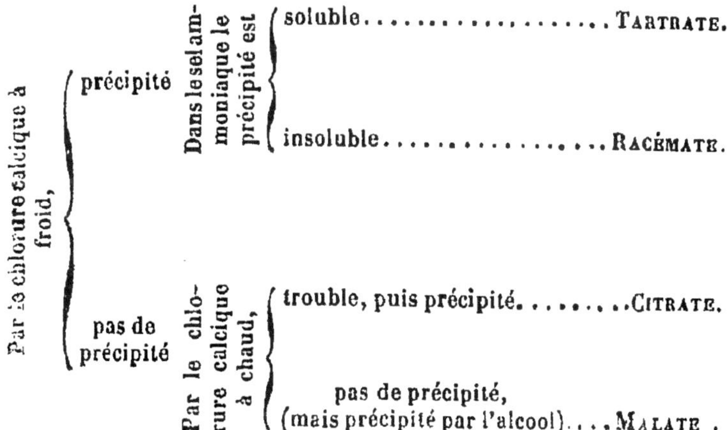

Par le chlorure calcique à froid,				
	précipité	Dans le sel ammoniaque le précipité est	soluble	TARTRATE.
			insoluble	RACÉMATE.
	pas de précipité	Par le chlorure calcique à chaud,	trouble, puis précipité	CITRATE.
			pas de précipité, (mais précipité par l'alcool)	MALATE.

GENRES SALINS DU CINQUIÈME GROUPE.

Benzoate, Succinate.

Ces sels ne sont précipités dans aucune circonstance par le chlorure calcique; on démontre leur présence par le chlorure ferrique. Ce réactif détermine immédiatement et à froid, dans leur dissolution exactement neutralisée, un volumineux précipité jaune ou brun. La distinction de ces deux acides est basée sur la grande solubilité de l'acide succinique et sur l'insolubilité de l'acide benzoïque dans l'eau.

L'acide chlorhydrique ajouté à la liqueur	ne détermine pas de précipité....	SUCCINATE.
	détermine un précipité blanc....	BENZOATE.

Pour séparer un succinate d'un benzoate, on fait bouillir le précipité produit par le chlorure ferrique avec de l'ammoniaque. La liqueur filtrée est évaporée à sec au bain-marie, puis reprise par l'eau et filtrée de nouveau. On divise le liquide ainsi obtenu en deux parties: à l'une d'elles on ajoute de l'acide chlorhydrique qui précipite l'acide benzoïque, et à l'autre, de l'alcool, de l'ammoniaque et du chlorure barytique qui détermine dans ces circonstances un précipité de succinate barytique.

GENRES SALINS DU SIXIÈME GROUPE.

Acétates, Formiates.

Les acétates et les formiates se distinguent facilement de tous les autres sels organiques, puisqu'ils ne sont jamais précipités par le chlorure calcique, ni à froid, par le chlorure ferrique. Ce dernier réactif indique, néanmoins, leur présence par la coloration rouge qu'il communique à leur dissolution, et par le précipité brun rougeâtre qui se forme alors après une ébullition prolongée. On distingue ces deux genres salins de la manière suivante :

La liqueur étendue mélangée avec du chlorure mercurique et portée à l'ébullition,	ne donne pas de précipité gris de mercure métallique...........	ACÉTATE.
	donne un précipité gris de mercure métallique, accompagné d'un dégagement de gaz carbonique.....	FORMIATE.

Les acétates sont caractérisés par l'odeur suave de l'éther acétique, que l'on produit en chauffant le sel avec de l'acide sulfurique et de l'alcool.

Les acides formique et acétique sont volatifs sans décomposition. Il est toujours facile de les dégager de leurs combinaisons métalliques, et de les obtenir à l'état de dissolution aqueuse : il suffit de distiller leurs sels avec de l'acide sulfurique étendu. On démontre la présence de l'acide formique dans le produit de la dissolution, par la réduction du chlorure mercurique. Si la liqueur contient en même temps de l'acide acétique, elle doit, après une longue digestion avec de l'oxyde plombique, ramener au bleu le papier rouge de tournesol ; car, dans ces circonstances, il se sera formé un acétate plombique tribasique dont la réaction est alcaline.

DISTINCTION DES MÉTAUX FAISANT PARTIE D'UN MÊME GROUPE. SÉPARATION ET DOSAGE DES CORPS LES PLUS IMPORTANTS.

—

Lorsqu'on sera parvenu, à l'aide des réactifs généraux, à connaître le groupe auquel appartient un métal, il faut, par l'emploi de réactifs, spéciaux passer à sa détermination. La marche à suivre est fort simple et n'exige qu'un petit nombre d'expériences; mais il est en général utile, sinon indispensable, de contrôler les résultats obtenus par les réactions spéciales qui ont été indiquées dans la seconde partie.

—

MÉTAUX DU PREMIER GROUPE.

Potassium, Sodium, Ammoniaque.

—

Leurs dissolutions salines ne sont précipitées par aucun réactif général. Le Tableau ci-dessous indique la marche à suivre pour arriver à leur détermination :

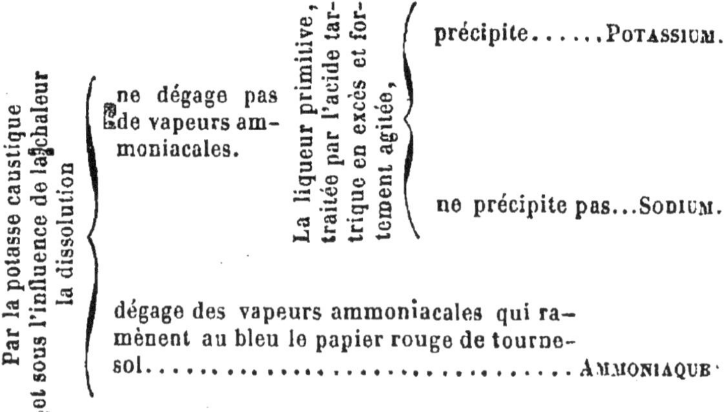

Séparations et dosages.

Potassium et Sodium.—On détermine la quantité d'un sel potassique ou sodique qui se trouve dans une liqueur, en le transformant en sulfate, évaporant à sec et calcinant très-fortement le résidu, afin de détruire, d'une manière complète, le bisulfate qui s'est formé sous l'influence d'un excès d'acide sulfurique. —Lorsque la dissolution contient à la fois un sel potassique et un sel sodique, on transforme ces corps en chlorures dont on détermine le poids; puis on les dissout dans une petite quantité d'eau, et l'on précipite la dissolution par un excès de chlorure platinique. La liqueur est évaporée au bain-marie et reprise ensuite par l'alcool; — le précipité de chloroplatinate potassique, recueilli sur un filtre, lavé à l'alcool, séché avec soin et pesé, donne par le calcul le poids du chlorure potassique; celui du chlorure sodique s'obtient par différence.

Ammoniaque.—Le chloroplatinate ammonique étant insoluble dans l'alcool, l'ammoniaque peut être dosée et séparée, sous cette forme, des sels sodiques. Lorsque la liqueur contient en même temps un sel potassique, on transforme tous ces sels alcalins en sulfates ou mieux en chlorures, dont on introduit une quantité pesée dans un creuset de platine taré; on chauffe progressivement jusqu'au rouge, et l'on pèse de nouveau après le refroidissement: la perte de poids représente le sel ammonique volatilisé.

Essais alcalimétriques.

On désigne sous le nom de potasses du commerce, du carbonate potassique, contenant des quantités variables, mais toujours considérables, d'eau, de chlorure et de sulfate potassique. Il est important pour les besoins des arts, de pouvoir déterminer avec exactitude, et cependant d'une manière facile et prompte, le titre de ces potasses, c'est-à-dire leur contenu en carbonate potassique pur. On y parvient en cherchant quelle est la quantité d'acide sulfurique qu'un poids déterminé de potasse du commerce exige pour sa neutralisation complète; car on sait que 141 parties de carbonate potassique pur sont saturées par 100 parties d'acide sulfurique à son maximum de concentration. Pour faire cet essai, on prépare d'abord une liqueur d'épreuve, en mélangeant 100 grammes d'acide sulfurique avec la quantité d'eau nécessaire pour compléter un litre à la température de 15° c. On remplit,

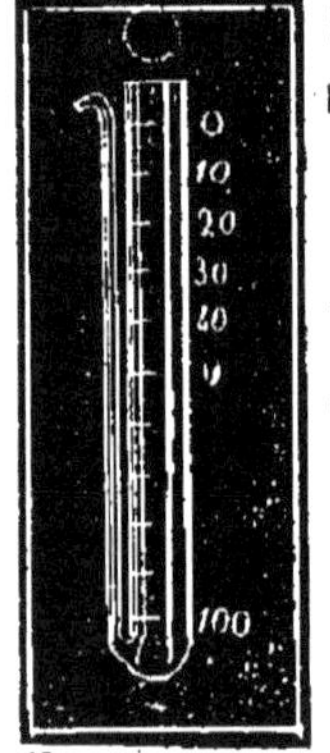

avec cet acide étendu, une burette alcalimétrique (représentée ci-contre) jusqu'à un trait que l'on marque o. — Cela fait, on dissout dans l'eau 5 grammes de carbonate potassique pur et fondu, et l'on colore cette dissolution avec quelques gouttes de teinture de tournesol. Si l'on verse avec précaution dans cette liqueur l'acide étendu de la burette, il arrivera un moment où la coloration bleue passera au *rouge vineux*. Ceci a lieu, lorsque les 11/20mes environ de carbonate potassique ont été saturés. Ce sel est alors transformé en sulfate et en bicarbonate potassique, et la liqueur contient en outre de l'acide carbonique libre. Un trait rouge, marqué avec cette liqueur sur du papier de tournesol, redevient bleu par la dessiccation, par suite de l'évaporation de l'acide carbonique. Il faut alors continuer de verser, avec beaucoup de précaution, la liqueur acide de la burette, jusqu'au moment où l'on obtiendra un trait rouge persistant, et que la coloration *vineuse* de la dissolution sera passée au *rouge pelure d'oignon.* On marquera par un trait sur la burette la quantité d'acide employé, et l'on divisera le volume compris entre les traits supérieur et inférieur en 100 parties d'égale capacité. Ces expériences préliminaires effectuées, il est facile de déterminer le titre d'une potasse du commerce. On en prend 5 grammes que l'on dissout dans l'eau et que l'on sature ensuite, comme il vient d'être dit, avec l'acide étendu dont on a de nouveau rempli la burette graduée. Comme la prise d'essai de la potasse du commerce est précisément égale à la quantité de carbonate potassique qui a servi à titrer l'acide, il en résulte que les volumes employés de cette liqueur d'épreuve expriment en centièmes la quantité de carbonate potassique qu'elle contient. Si l'on a dû ajouter 60 divisions de l'acide étendu, c'est que la potasse soumise à l'essai contient 60 pour 100 de carbonate potassique pur et 40 pour 100 de matières étrangères. Ce procédé comporte, lorsqu'il est appliqué avec soin, une exactitude de 4 à 5 millièmes. Les essais des soudes se font d'une manière toute semblable. — D'autres analyses commerciales peuvent également se faire par des procédés fondés sur le même principe.

MÉTAUX DU SECOND GROUPE.

Baryum, Strontium, Calcium, Magnésium.

Tous ces métaux sont précipités de leurs dissolutions par le carbonate sodique; aucun d'eux ne l'est par le sulfhydrate ammonique. Dans la marche à suivre pour distinguer les métaux de ce groupe, il faut observer que la solution de gypse ne précipite jamais *immédiatement* les sels strontiques.

- Par le sulfate potassique,
  - précipité
    - Par la dissolution de gypse,
      - précipité
        - Par l'acide silicifluorhydrique (forte agitation),
          - précipité. . BARYUM.
          - pas de précipité.. STRONTIUM.
      - pas de précipité................ CALCIUM.
  - pas de précipité............................... MAGNÉSIUM.

Séparations et dosages.

Baryum. — Le sulfate barytique étant complétement insoluble dans l'eau, on dose presque toujours le baryum sous cette forme; cependant, dans quelques cas, on le précipite aussi à l'état de carbonate ou de silicifluorure barytique.

Strontium. — La manière la plus exacte de doser ce métal, consiste à le précipiter par un carbonate alcalin; on peut également le doser à l'état de sulfate strontique, en le précipitant par l'acide sulfurique; mais, comme ce sel n'est pas absolument insoluble dans l'eau, il est indispensable d'opérer dans une liqueur alcoolique.

Calcium. — On précipite les sels calciques par l'oxalate ammonique; le précipité d'oxalate calcique est recueilli sur un filtre, lavé avec soin, desséché, puis transformé en carbonate calcique par la calcination au rouge sombre.

Magnésium. — La liqueur neutre mélangée avec du sel ammoniac, lorsqu'elle n'en contient pas, est précipitée par le phosphate sodique; le précipité de phosphate ammoniaco-magnésique est recueilli sur un filtre, lavé, desséché et transformé par la calcination en pyro-phosphate magnésique dont on détermine le poids.

—

Lorsqu'une liqueur contient à la fois des sels barytiques, strontiques, calciques et magnésiques, on opère leur séparation de la manière suivante : On mélange la liqueur avec du sel ammoniac, et ensuite avec du carbonate ammonique en léger excès. Le baryum, le strontium et le calcium sont précipités d'une manière complète à l'état de carbonates, tandis que la magnésium reste dans la liqueur. On recueille le précipité sur un filtre et on le lave avec soin; dans la liqueur filtrée, on dose le magnésium en le précipitant par le phosphate sodique. — Les trois carbonates sont dissous dans l'acide chlorhydrique, et la dissolution, neutralisée ou faiblement acide, est mélangée avec de l'acide silicifluorhydrique qui précipite le baryum, et laisse le strontium et le calcium dans la dissolution. On recueille ce précipité sur un filtre taré, et on le pèse après l'avoir lavé et desséché. Les chlorures strontique et calcique qui se trouvent dans la dissolution, sont précipités à l'état de sulfates dans une liqueur alcoolique, et pesés sous cette forme ; ces deux sulfates, recueillis sur un filtre, sont transformés en carbonates par l'ébullition avec une dissolution concentrée de carbonate potassique ; ces carbonates sont à leur tour convertis en nitrates, qu'il faut dessécher au bain-marie et traiter par l'alcool absolu. Le nitrate strontique insoluble est recueilli sur un filtre, lavé à l'alcool, séché, calciné et puis pesé ; le nitrate calcique en dissolution est précipité par l'acide sulfurique à l'état de sulfate calcique dont on détermine le poids.

—

MÉTAUX DU TROISIÈME GROUPE.

Aluminium, Chrome.

Le carbonate potassique et le sulfhydrate ammonique forment, dans les dissolutions de ces métaux, des précipités d'hydroxyde aluminique et chromique.

L'ammoniaque, exempte de carbonates, donne le même précipité. Cette réaction permet de distinguer et de séparer l'aluminium et le chrome, des métaux des deux premiers groupes. A l'aide du chalumeau, il est toujours facile de distinguer les combinaisons de l'aluminium de celles du chrome; d'ailleurs, les dissolutions des sels aluminiques sont incolores, tandis que celles des sels chromiques sont colorées en beau *vert*, ou quelquefois en *violet*. Pour les séparer qualitativement l'un de l'autre, on fera usage de leur réaction avec la potasse caustique.

Le précipité d'hydroxyde étant redissous dans un excès de potasse caustique, on soumet le liquide à l'ébullition :	*Dissolution* donnant un précipité blanc, avec un excès de chlorhydrate ammonique.	ALUMINE.
	Précipité, oxyde de. . .	CHROME.

L'ébullition doit être maintenue pendant longtemps, pour que l'oxyde chromique se précipite d'une manière complète; la liqueur doit être alors entièrement décolorée. Ce précipité entraîne toujours une petite quantité d'alumine; c'est pour ce motif que l'on ne peut pas faire usage de cette réaction pour séparer quantitativement les oxydes chromique et aluminique. — Il est important d'ajouter que les matières organiques empêchent la précipitation de ces oxydes par les alcalis.

Recherche des phosphates. — Lorsque la substance

soumise à l'analyse n'est pas soluble dans l'eau, mais seulement dans les acides étendus, le précipité d'alumine peut renfermer des phosphates aluminique, calcique, etc. On possède deux méthodes pour démontrer dans ce cas la présence de l'acide phosphorique. — 1° On dissout l'alumine dans l'acide chlorhydrique étendu, et l'on ajoute à la dissolution une très-petite quantité de molybdate d'ammoniaque. Sous l'influence de la chaleur la liqueur prend une coloration *jaune verdâtre,* même lorsqu'elle ne renferme que des traces de phosphates. — 2° Le précipité d'alumine est dissous dans l'acide chlorhydrique; cette dissolution, *presque* saturée par du carbonate sodique, est mélangée avec du carbonate barytique et de la potasse, puis maintenue en ébullition pendant quelque temps. Dans le cas de la présence de l'acide phosphorique, il se forme alors du phosphate barytique insoluble, que l'on recueille sur un filtre. Ce résidu étant dissous dans l'acide chlorhydrique, on éloigne la baryte par l'acide sulfurique, et l'on recherche la présence de l'acide phosphorique, dans la liqueur débarrassée du sulfate barytique, en la sursaturant par l'ammoniaque et ajoutant du sulfate magnésique. Par l'agitation il doit alors se former un précipité blanc, cristallin, de phosphate ammoniaco-magnésien.

Séparations et dosages.

L'aluminium et le chrome sont toujours dosés à l'état d'oxydes, que l'on obtient en précipitant leurs dissolutions, mélangées avec du sel ammoniac, par un excès d'ammoniaque. — Pour séparer ces deux oxydes l'un de l'autre, on les fond avec du nitre: l'oxyde de chrome est converti en chromate potassique soluble dans l'eau, tandis que l'alumine forme un résidu insoluble contenant une certaine quantité de potasse. On dissout ce résidu dans l'acide chlorhydrique, et l'on précipite ensuite l'alumine par l'ammoniaque. Quant au chromate potassique, on le convertit d'abord en sel chromique, à l'aide de l'alcool et de l'acide chlorhydrique; puis on précipite l'oxyde chromique par l'ammoniaque.

MÉTAUX DU QUATRIÈME GROUPE.

Zinc, Manganèse, Fer, Nickel, Cobalt.

Les sulfures des métaux de ce groupe étant solubles dans l'acide chlorhydrique, aucun d'entre eux n'est précipité par l'hydrogène sulfuré d'une dissolution acidifiée par un acide puissant. Le sulfhydrate ammonique les précipite tous à l'état de sulfures. A l'aide du sulfocyanure potassique, on constate, tout à la fois, la présence du fer et l'état sous lequel il se trouve dans la dissolution. S'il se manifeste immédiatement une coloration rouge de sang, c'est que la liqueur contient un sel ferrique; si cette coloration n'apparaît qu'après l'avoir traitée par l'acide nitrique, c'est aux sels ferreux que l'on a affaire. Dans ce dernier cas, pour pouvoir séparer le fer des autres métaux de ce groupe, il faut toujours transformer les sels ferreux en sels ferriques, à l'aide de l'acide nitrique. — La potasse caustique précipite tous les métaux de ce groupe, et un excès ne redissout que le précipité formé par le zinc; cette réaction, caractéristique pour les sels zinciques, ne peut cependant pas servir pour la séparation du zinc. Le Tableau ci-après indique la marche à suivre pour séparer et caractériser chacun des métaux de ce groupe.

- Par le benzoate ammonique (liqueur neutre).
  - Précipité.. Fer.
  - *Dissolution.* — Par le sulfhydrate ammonique, puis par l'acide acétique :
    - *Dissolution.* (Précipité par la potasse)................ Manganèse.
    - *Résidu* traité par l'acide chlorhydrique très-étendu :
      - *Dissolution.* Donne un précipité de sulfure avec l'hydrogène sulfuré, après ébullition avec un excès de potasse.. Zinc.
      - *Résidu.* — Par le cyanure potassique en excès, ébullition puis addition d'acide chlorhydrique:
        - Dissolution...... Cobalt.
        - Précipité........ Nickel.

Observations. — Aucune réaction connue ne permet de séparer à la fois tous les métaux de ce groupe de ceux du troisième. Cette séparation peut être effectuée comme il suit : On précipite à froid la liqueur par un excès de potasse, puis on filtre ; le précipité contient le fer, le manganèse, le cobalt, le nickel, et la dissolution, le zinc, l'aluminium et le chrome. Par l'ébulition l'oxyde chromique se précipite ; on le recueille sur un filtre. On fait alors passer, dans la liqueur filtrée, un courant d'hydrogène sulfuré, qui précipite le zinc à l'état de sulfure zincique, en laissant l'alumine dans la dissolution; on précipite ensuite celle-ci par le chlorhydrate ammonique et l'ammoniaque en excès.

Séparations et dosages.

Sels ferreux et sels ferriques. — La séparation du fer des autres métaux de ce groupe exige que ce métal soit dans la dissolution à l'état de sel ferrique ; on le précipite alors, soit par l'ammoniaque, la potasse, le carbonate barytique ou le benzoate ammonique, suivant les circonstances, mais c'est toujours sous la forme d'oxyde ferrique qu'il doit être dosé. — Lorsqu'un composé contient à la fois des sels ferriques et des sels ferreux, on peut déterminer les quantités relatives de ces sels par le procédé suivant : On ajoute à la dissolution du chlorure aurico-sodique, et l'on pèse le précipité d'or métallique; ce poids sert à calculer la quantité du sel ferreux (1 équivalent d'or est réduit par 6 équivalents de sel ferreux). On détermine ensuite la totalité du fer qui existe dans la dissolution, et l'on obtient par différence le poids du sel ferrique.

Zinc. — On précipite le zinc de ses dissolutions à

l'état de carbonate ou de sulfure zincique, que l'on convertit en oxyde zincique pour le dosage.

Manganèse. — Ce métal peut être précipité sous la forme de carbonate, de sulfure ou d'hydroxyde manganeux; mais ces divers composés doivent ensuite être convertis en sulfate manganeux ou en oxyde manganico-manganeux.

Nickel et Cobalt. — On sépare ces deux métaux l'un de l'autre, en faisant passer dans la liqueur un courant de chlore qui transforme le sel cobalteux en sel cobaltique. A l'aide du carbonate barytique tout le cobalt est alors précipité à l'état d'oxyde cobaltique, tandis que le nickel reste dans la dissolution. Le précipité, recueilli sur un filtre, et lavé avec soin est redissous dans l'acide chlorhydrique ; on élimine la baryte par un excès d'acide sulfurique ; le colbat seul se trouve alors dans cette seconde dissolution. — Le nickel peut être précipité de ses dissolutions par la potasse à l'état d'hydroxyde, ou par les sulfures alcalins à l'état de sulfure nickeleux ; mais on le dose toujours sous la forme d'oxyde nickeleux. — Le cobalt est également précipité par la potasse ou les sulfures alcalins, mais il ne doit être dosé qu'à l'état métallique; on l'obtient sous cette forme en chauffant l'oxyde dans un courant d'hydrogène.

Essais des manganèses.

L'industrie consomme en grande quantité les manganèses naturels, qui sont des mélanges de peroxyde de manganèse, d'oxydes inférieurs du manganèse, d'oxyde ferrique, d'argile, de sulfate barytique..... Comme de toutes ces combinaisons le peroxyde manganique est la seule qui eût une valeur commerciale, il était important d'avoir un procédé rapide, exact, et d'une exécution facile, pour la détermination de la richesse des manganèses en peroxyde manganique. — On utilise, pour ces essais, la propriété dont jouit le peroxyde de manganèse, de transformer, en présence de l'acide sulfurique, l'acide oxalique en acide carbonique: 99 $^1/_4$ p. de peroxide de manganèse pur donnent alors 100 p. de gaz carbonique. On peut donc immédiatement déterminer en centièmes la quantité de peroxyde contenue dans le manganèse du commerce; il suffit de prendre 0,992 de ce minéral, et de déterminer par la pesée la perte due au dégagement du gaz carbonique; chaque centigramme de perte représente un centième de peroxyde. Dans la pratique il est cependant préférable d'opérer sur une quantité triple (2,97^{gr}), et de prendre ensuite le tiers de la perte, pour avoir en centièmes la quantité de peroxyde contenue dans le manganèse essayé. — L'appareil dont

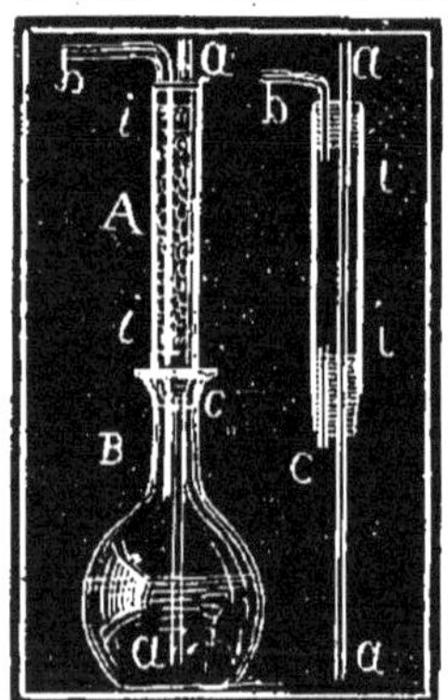

on fait usage est représenté ci-contre. Il se compose d'une fiole à fond plat (B), d'une capacité de 100 à 125 centimètres cubes, à laquelle on adapte, à l'aide d'un bon bouchon, un tube (A) rempli de chlorure de calcium. Ce tube est traversé dans toute sa longueur par un autre tube (*aa*) de petit diamètre, et qui se termine à peu de distance du fond de la fiole; deux autres petits tubes (*b* et *c*) ne font que traverser les bouchons du tube à chlorure. Les ouvertures de ces tubes sont séparées du chlorure par des tampons de coton (*i*, *i*). — Pour faire, à l'aide de cet appareil, l'essai d'un manganèse, on commence par introduire dans la fiole l'acide sulfurique étendu (contenant 3,6 gr. d'acide concentré), et 4,5 gr. d'acide oxalique ; on pèse ensuite exactement 2,97 gr. du manganèse à essayer, réduit en poudre très-fine, et on les ajoute au mélange. On ferme aussitôt la fiole avec le tube à chlorure, et l'on détermine rapidement le poids de l'appareil. Cela fait, on opère la transformation de l'acide oxalique en acide carbonique, en chauffant très-légèrement la fiole. Lorsque la réaction est terminée, on chauffe le liquide, et l'on expulse l'acide carbonique en aspirant par le tube *b*. Il suffit alors de placer l'appareil sur la balance ; les poids que l'on sera obligé d'ajouter pour rétablir l'équilibre, expriment la quantité d'acide carbonique dégagé.

Les manganèses naturels contiennent fréquemment des carbonates : lorsque ce cas se présente, on est obligé de faire deux essais. On détermine d'abord la quantité d'acide carbonique dégagé par l'acide sulfurique seul, puis celle qui se dégage sous l'influence de l'acide sulfurique mélangé avec de l'acide oxalique.

MÉTAUX DU CINQUIÈME GROUPE.

Argent, Plomb, Mercure, Bismuth, Cuivre, Cadmium.

Les métaux de ce groupe sont complétement précipités par l'hydrogène sulfuré d'une liqueur acidifiée par l'acide chlorhydrique ; cette réaction permet de les séparer des métaux des groupes précédents. Ce précipité de sulfures est complétement insoluble dans les sulfures alcalins ; le sulfure cuivrique est légèrement soluble dans le sulfhydrate d'ammoniaque. Pour distinguer les métaux de ce groupe les uns des autres, on fera usage du Tableau suivant :

Par l'acide chlorhydrique.

- *Précipité*. — Dans un excès d'ammoniaque.......
  - *Soluble*.................................... ARGENT.
  - *Insoluble* et.......
    - Reste *blanc*.................... PLOMB.
    - Devient *noir*.................... MERCUROSUM.
- *Pas de précipité*. — Par l'ammoniaque en excès.
  - *Précipité insoluble*. — Par l'iodure potass. (liqueur primitive)
    - Précipité *rouge cinabre*.......... MERCURICUM.
    - Précipité *brun*.................. BISMUTH.
  - *Précipité soluble*...
    - Liqueur colorée en beau *bleu*...... CUIVRE.
    - Liqueur incolore................ CADMIUM.

Lorsqu'on doit rechercher la présence de chacun des métaux de ce groupe dans une liqueur qui puisse les contenir tous, on opère comme il suit : On acidifie la liqueur avec de l'acide chlorhydrique ; s'il se produit un précipité blanc, il peut être formé de chlorures argentique, plombique ou mercureux. Ce précipité, recueilli sur un filtre, est lavé à l'eau bouillante ; par là, la plus grande partie et même la totalité du chlorure plombique est entraînée dans les eaux de lavage. En traitant alors le précipité de chlorures par un excès d'ammoniaque, on dissout complétement le chlorure argentique, que l'on peut d'ailleurs précipiter de nouveau avec une suffisante quantité d'acide chlorhydrique. Le résidu du traitement par l'ammoniaque est plus ou moins noir, si le précipité de chlorures contenait du chlorure mercureux ; si le résidu est blanc, c'est que le chlorure plombique n'était pas dissous en totalité, et qu'il n'y a pas de sel mercureux. — La liqueur acidifiée par l'acide chlorhydrique, et débarrassée par filtration des chlorures argentique et mercureux, est traitée par un excès d'hydrogène sulfuré. Le précipité de sulfures, ainsi obtenu, est mis en digestion avec du sulfhydrate ammonique, qui enlève les sulfures des métaux du sixième groupe, si la dissolution en contient. Cela fait, on recueille ce précipité sur un filtre, on le lave avec soin, puis on le traite par de l'acide nitrique concentré et bouillant. De tous ces sulfures, celui de mercure est le seul qui soit complétement insoluble dans ces circonstances, et forme un résidu noir mélangé avec du soufre. La liqueur filtrée peut contenir à l'état de nitrates, du plomb, du bismuth, du cuivre et du cadmium. On décèle et l'on sépare le plomb à l'aide de l'acide sulfurique, qui ne forme qu'avec ce métal un précipité blanc et insoluble ; la liqueur filtrée retient tout le bismuth, le cuivre et le cadmium. Par un excès d'ammoniaque, on ne précipite que le bismuth, et la dissolution se colore en bleu si elle contient du cuivre. Enfin, on recherche si cette liqueur filtrée de nouveau contient du cadmium en la neutralisant avec l'acide chlorhydrique, et ajoutant un excès de carbonate ammonique qui redissout très-facilement le carbonate cuivrique, et laisse pour résidu le carbonate cadmique.

Séparations et dosages.

Argent. — Lorsque ce métal est en dissolution, on le précipite et on le dose sous la forme de chlorure ou de sulfure argentique. On le pèse aussi à l'état métallique, notamment quand on le sépare de ses alliages par la coupellation avec le plomb. (Voyez, pag. 113 et 114, ce qui est relatif au dosage du chlorure argentique). — L'argent peut être séparé, sous la forme de chlorure, de tous les autres métaux de ce groupe ; il suffit de transformer, par l'acide nitrique, les sels mercureux en sels mercuriques, et d'ajouter une quantité d'eau suffisante pour que le plomb ne soit pas précipité par l'acide chlorhydrique.

Plomb. — Suivant les circonstances, ce métal est précipité de ses dissolutions sous la forme de sulfate, de chlorure, de sulfure, de carbonate ou d'oxalate. On peut le doser : 1° à l'état de sulfure ; le précipité est recueilli sur un filtre pesé, lavé avec soin, desséché à 100°, puis pesé ; 2° sous celle de sulfate ou de chlorure ; dans ce cas, il faut opérer la précipitation dans une liqueur alcoolique ; 3° à l'état d'oxyde par la calcination du carbonate et de l'oxalate.

Mercure. — Les sels mercureux sont ordinairement

transformés en sels mercuriques; on précipite alors le mercure par un courant d'hydrogène sulfuré, et l'on recueille le sulfure mercurique sur un filtre pesé, où on le lave rapidement avec de l'eau froide; puis on le dessèche à 100° et on le pèse. On peut encore doser le mercure à l'état de *métal* ou *par perte*, après avoir calciné le mélange dans lequel il se trouve.

Bismuth. — On précipite ce métal sous la forme de carbonate ou de sulfure, mais on le dose toujours à l'état d'oxyde bismuthique, que l'on obtient par la calcination du carbonate. Lorsqu'on sépare le bismuth à l'état de sulfure, il faut transformer le précipité en carbonate.

Cuivre. — Le cuivre est dosé à l'état d'oxyde cuivrique. On peut directement le précipiter sous cette forme, lorsque la dissolution ne contient pas d'autre métal précipitable par la potasse. Cette précipitation par la potasse doit être faite dans une liqueur bouillante. On recueille ce précipité sur un filtre, et, après l'avoir parfaitement lavé, on le dessèche, le calcine et le pèse. Certaines séparations exigent que le cuivre soit d'abord précipité à l'état de sulfure; dans ce cas, il faut observer que le sulfure de cuivre a une grande tendance à se sulfatiser et à se dissoudre dans les eaux de lavage. Pour prévenir cette oxydation, qui entraînerait nécessairement des pertes, il faut avoir soin de filtrer rapidement et de laver constamment le précipité de sulfure cuivrique avec une solution d'hydrogène sulfuré. Ce précipité est alors desséché dans le filtre, redissous dans l'acide nitrique, et précipité ensuite, comme il vient d'être dit, par la potasse caustique.

Cadmium. — Ce métal est dosé à l'état de sulfure ou d'oxyde. Il peut être précipité de toutes ses dissolutions par l'hydrogène sulfuré. On recueille le précipité sur un filtre pesé, on le lave, on le dessèche à 100° et on le pèse.

On précipite aussi le cadmium sous la forme de carbonate cadmique, à l'aide du carbonate potassique; dans ce cas, le précipité est transformé par la calcination en oxyde cadmique, dont on détermine le poids.

MÉTAUX DU SIXIÈME GROUPE.

Or, Platine, Antimoine, Étain, Arsenic.

Tous ces métaux sont complétement précipités par l'hydrogène sulfuré d'une liqueur *acide;* mais ces sulfures se dissolvent dans un excès de sulfhydrate ammonique, ce qui permet de séparer les métaux de ce groupe d'avec ceux du groupe précédent. Cependant il faut observer, pour la réussite de cette séparation, que plusieurs de ces sulfures ne se dissolvent dans le sulfhydrate ammonique, qu'autant que ce réactif est fortement chargé de soufre. Cette remarque s'applique surtout au sulfure stanneux, qui se dissout très-difficilement dans le sulfhydrate ammonique pur. Mais si ce réactif est jaune et contient, par conséquent, un excès de soufre, le sulfure stanneux est transformé en sulfure stannique dont la dissolution s'opère facilement. Si l'on sature cette dissolution par un acide, on obtient un précipité de sulfure stannique, mêlé avec du soufre. — Le Tableau suivant indique la marche à suivre, pour distinguer les uns des autres les métaux de ce groupe.

Dans la liqueur acide l'hyd. sulfuré donne un

- Précipité
  - *Noir* insoluble dans l'ac. chlorhydrique concentré et bouillant. La liqueur primitive n'est pas précipitée par le chlorure mercurique.......
    - La liqueur primitive n'est pas précipitée par le chlorure ammonique et donne un précipité *noir* avec le sulfate ferreux.... OR.
    - La liqueur primitive donne un précipité *jaune* avec le chlorure ammonique et n'est pas précipitée par le sulfate ferreux.... PLATINE.
  - *Brun* soluble dans l'acide chlorhydrique concentré et bouillant. La liqueur primitive donne un précipité blanc ou gris avec le chlorure mercurique. .... STANNOSUM.
- Précipité
  - *Jaune* et
    - soluble dans l'acide chlorhydrique ; laisse un résidu fixe par la calcination.. STANNICUM.
    - insoluble dans l'acide chlorhydrique ; ne laisse pas de résidu fixe par la calcination.................................. ARSENIC.
  - *Orangé* et soluble dans l'acide chlorhydrique........................... ANTIMOINE.

Observations. — Les déterminations de l'arsenic, de l'antimoine et de l'étain, effectuées à l'aide du Tableau précédent, devront être contrôlées par des essais au chalumeau. Chauffé à la flamme intérieure du chalumeau, avec un mélange de soude et de cyanure potassique, le sulfure d'étain donnera un globule métallique sans qu'il se forme en même temps un enduit; ce globule métallique étant dissous dans l'acide chlorhydrique, donnera avec la solution de chlorure aurique un précipité de pourpre de Cassius. Le sulfure d'antimoine, traité de la même manière, donnera des grains métalliques cassants, et le charbon sera recouvert d'un enduit blanc. — On reconnaîtra immédiatement si l'arsenic existe dans la dissolution à l'état d'arsénite ou d'arséniate, à l'aide du nitrate argentique ou du sulfate cuivrique.

Séparations et dosages.

On sépare l'or et le platine des autres métaux de ce groupe, en chauffant dans un courant de chlore le mélange de leurs sulfures; l'or et le platine ne sont pas attaqués, tandis qu'il se forme des chlorures d'étain, d'antimoine et d'arsenic qui sont volatils et distillent. On dispose l'appareil de manière à recueillir dans l'eau la totalité des chlorures volatils.

Or et Platine. — Ces métaux sont dosés à l'état métallique. Pour les séparer l'un de l'autre, on les transforme en chlorures et l'on précipite le platine, par le chlorhydrate ammonique, à l'état de chloroplatinate ammonique. Dans la liqueur filtrée on précipite l'or par le sulfate ferreux.

Étain et Antimoine. — La dissolution est fortement acidifiée avec de l'acide chlorhydrique étendu, puis chauffée pendant longtemps, après y avoir introduit une lame d'étain pur. Tout l'antimoine se précipite alors sous forme de poudre noire, tandis que l'étain reste en dissolution à l'état de chlorure stanneux. Quand la précipitation est achevée, on détache l'antimoine de la lame d'étain avec de l'acide chlorydrique très-faible, on le recueille sur un filtre pesé, on le dessèche, puis on en détermine le poids. L'étain est dosé par différence; on peut aussi, dans une autre dissolution, précipiter à la fois l'étain et l'antimoine par une lame de zinc, et défalquer du poids de ces deux métaux le poids de l'antimoine déjà déterminé.

Ce qui est relatif à la séparation et au dosage de l'arsenic a déjà été exposé, page 124.

Recherches de l'arsenic dans les cas d'empoisonnement.

Au point de vue chimique, l'arsenic libre ou combiné est facile à reconnaître. Sa volatilité, l'odeur alliacée toute particulière qu'il répand au contact des charbons ardents, permettent de le distinguer aisément des corps avec lesquels il présente le plus d'analogie. Les réactions que nous avons données avec détail suffisent, dans la généralité des cas, pour en démontrer la présence dans une dissolution.

Il n'en est plus ainsi, lorsqu'il a été incorporé à nos tissus, ou mélangé à des matières organiques qui en masquent les propriétés. Le monstrueux abus que l'on fait chaque jour de l'énergique action toxique de ce corps, donne un intérêt particulier aux procédés que l'on met en usage pour en accuser les moindres traces.

Dans toute expertise, on doit rechercher d'abord s'il existe du poison en nature; si l'on rencontre, soit dans les matières vomies, soit dans l'estomac ou les intestins, de petites masses blanchâtres que l'on puisse soupçonner être de l'acide arsénieux, on les met de côté pour les soumettre aux essais que nous indiquerons prochainement. Dans le cas contraire, on triture ces matières, on les délaie dans l'eau froide, puis on décante lorsque les parties les plus lourdes se sont déposées; on retire de ce dépôt, par des moyens mécaniques, toutes les parties suspectes.

Pour reconnaître la nature de la substance ainsi obtenue, on l'introduit au fond d'un petit tube étiré en pointe, et l'on place au-dessus un fragment de charbon taillé en forme de cylindre. A l'aide d'une lampe à alcool on chauffe au rouge, d'abord la partie du tube occupée par le charbon, puis celle qui contient la matière suspecte. — Dans ces circonstances, l'acide arsénieux volatilisé, passant en vapeur sur le charbon incandescent, sera réduit, et l'on verra se déposer, dans la partie froide du tube, un anneau d'arsenic, sous la forme d'un miroir métallique brun noir, très-brillant. Mais, pour que la conviction soit entière, cet anneau doit être soumis à une série d'épreuves que nous indiquerons plus loin.

La recherche de l'arsenic absorbé et répandu au milieu des tissus, exige d'autres manipulations préparatoires. Les propriétés chimiques de l'agent toxique sont alors entièrement masquées, dissimulées, par les substances organiques dans lesquelles il est incorporé; — aucun réactif ne peut en accuser directement la présence. Il faut donc nécessairement détruire ces substances, pour en débarrasser l'arsenic et lui rendre ses caractères distinctifs. — Divers procédés sont mis en usage pour atteindre ce but; le plus généralement employé est le suivant:

Carbonisation des matières organiques par l'acide sulfurique. — Le foie, la rate, les intestins étant, ainsi que le sang, les parties qui renferment ordinairement l'arsenic en plus forte proportion, c'est sur elles que l'on opérera de préférence. Les tissus seront introduits dans une cornue spacieuse et mélangés avec une quantité d'acide sulfurique chimiquement pur, égale au sixième de leur poids. Sous l'action de la chaleur, ces substances sont désagrégées et dissoutes; on chauffe jusqu'à complète évaporation du liquide. La masse charbonneuse, obtenue en résidu, est recueillie avec soin et mélangée avec une quantité d'acide nitrique pur, égale au poids de l'acide sulfurique employé : on fait bouillir, puis on évapore la totalité de l'acide à une douce chaleur. Le résidu est alors repris par l'eau pure et bouillante, qui dissout facilement l'acide arsénique produit par l'action de l'acide nitrique sur l'arsenic métallique; puis, on filtre. C'est à l'aide du procédé de Marsh que l'on retire maintenant de cette liqueur l'arsenic qu'elle renferme. Ce procédé est fondé sur la propriété que possède l'hydrogène naissant, de réduire les acides arsénieux et arsénique et de former du gaz hydrogène arsénié, qui est facilement décomposé par la chaleur en hydrogène et en arsenic métallique.

Appareil de Marsh. — L'appareil de Marsh, modifié par l'Académie des Sciences, se compose d'un flacon à col droit A, à large ouverture, fermé par un bouchon percé de deux trous. Dans le premier, s'engage un tube droit *n*, d'un centimètre de diamètre; dans l'autre, est fixé un tube *ab*, de petit diamètre, courbé à angle droit et communiquant avec un tube *cd* plus large, contenant de l'amiante ou du coton. Ces substances sont destinées à retenir le sulfate de zinc qui

pourrait être entraîné par le courant du gaz. — A l'extrémité de ce large tube se trouve un tube étroit *df*, en verre peu fusible, enveloppé d'une feuille de clinquant sur une longueur d'environ un décimètre. Le flacon doit être assez grand pour que la liqueur en occupe seulement les quatre cinquièmes de la capacité. — L'appareil étant ainsi disposé, on introduit d'abord dans le flacon quelques lames de zinc bien pur ; on ajoute de l'eau, puis une petite quantité d'acide sulfurique également pur, et quand tout l'air a été expulsé par le courant d'hydrogène produit, on chauffe au rouge la partie du tube recouverte de clinquant et l'on enflamme le gaz hydrogène.

Cette opération préliminaire a pour but de s'assurer du degré de pureté des réactifs employés: *aucun dépôt* ne doit s'être produit, au bout d'une demi-heure, ni dans le tube, ni sur la soucoupe de porcelaine *G* exposée à la flamme de l'hydrogène.—Alors on introduit avec précaution, par le tube *n*, le liquide suspect dans l'appareil. Si cette liqueur contient de l'arsenic, le dépôt métallique, brun noir et brillant, apparaît presque aussitôt soit en *f* dans le tube, soit sur la soucoupe. — Pour éviter que le tube ne s'échauffe à une distance trop grande de la partie soumise à l'action directe du feu, on a soin de placer en *e* un petit écran métallique.

Examen des taches et de l'anneau métallique. — L'apparition des taches miroitantes est loin d'être une preuve absolue de l'existence de l'arsenic. D'autres corps et notamment l'antimoine fournissent, dans des circonstances semblables, des dépôts qui ont une très-grande analogie avec les taches arsénicales ; il faut donc les examiner avec soin et les soumettre à une série d'épreuves, afin de constater qu'elles possèdent bien tous les caractères de l'arsenic.

1. *Couleur.* — Les taches arsénicales paraissent *brunes*, surtout sur les bords ; les taches d'antimoine au contraire sont noires. Cette différence devient insensible pour des taches d'antimoine très-faibles.

2. *Volatilité.* — L'arsenic est très-volatil ; l'antimoine l'est beaucoup moins. Si l'on chauffe l'anneau métallique dans un courant d'hydrogène ou de gaz carbonique, on devra pouvoir le déplacer facilement d'un endroit du tube à l'autre, s'il est formé d'arsenic. Ce déplacement sera, au contraire, très-difficile pour l'antimoine.

3. *Oxydation par le grillage.* — Si l'on chauffe l'anneau dans le tube ouvert par les deux bouts et incliné de manière à y déterminer un courant d'air, il s'oxydera rapidement, en développant, s'il est formé d'arsenic, une odeur alliacée très-sensible. L'antimoine s'oxyde en répandant des vapeurs blanches entièrement inodores. L'acide arsénieux ainsi formé doit se déposer à une petite distance de la partie chauffée du tube, sous la forme d'un enduit blanc cristallin ; on doit pouvoir le volatiliser d'une partie du tube à l'autre sans le faire passer par l'état de fusion. Le sublimé d'acide arsénieux, opéré très-lentement, est formé de cristaux octaédriques, dont on doit pouvoir *apprécier* la forme à la loupe.

4. *Oxydation par l'acide nitrique.* — L'anneau et les taches d'arsenic se dissolvent immédiatement et sans résidu, dans quelques gouttes d'acide nitrique ; la dissolution évaporée au bain-marie et reprise par l'eau, doit donner avec le *nitrate d'argent* un précipité *brun rouge* d'arséniate argentique. — Si l'on traite de la même manière des taches d'antimoine, l'acide nitrique laissera un résidu blanc et la liqueur ne donnera pas de précipité par le nitrate d'argent.

5. *Caractères des sulfures.* — Si l'on évapore sur les taches quelques gouttes de sulfhydrate ammonique, les métaux seront complétement sulfurés et apparaîtront avec la couleur propre de leurs sulfures, qui est *jaune* pour l'arsenic et *rouge orangé* pour l'antimoine. Sous l'influence d'une très-douce chaleur, le sulfure d'antimoine disparaîtra en présence d'une goutte d'acide chlorhydrique, tandis que le sulfure d'arsenic restera inaltéré.

6. *Action de l'hypochlorite de soude.* — Une tache arsénicale mise en contact avec une dissolution de chlorure de soude (obtenue en faisant passer un courant de chlore dans du carbonate de soude), disparaîtra instantanément ; la tache d'antimoine restera inaltérée en présence de ce réactif. — Ce caractère est fondamental.

L'expert, pénétré de la responsabilité qui pèse sur lui, devra bien se rappeler que l'appareil de Marsh a pour but unique d'isoler, de mettre à nu l'arsenic ; mais qu'il ne donne point par lui-même d'indications précises sur la nature du corps qu'il fournit. On devra donc nécessairement se livrer, avec une attention scrupuleuse, à tous les essais que nous venons d'indiquer, et qui seuls peuvent mettre l'opérateur à l'abri de toute erreur.

FIN.

TABLE DES MATIÈRES.

DEUXIÈME PARTIE.

RÉACTIONS.

CARACTÈRES ANALYTIQUES DES GENRES SALINS.

CARACTÈRES ANALYTIQUES DES ESPÈCES SALINES.

TROISIÈME PARTIE.

MÉTHODES ET PROCÉDÉS ANALYTIQUES.

FIN DE LA TABLE.

Tableau XIX

ARSENIC

Arsénites

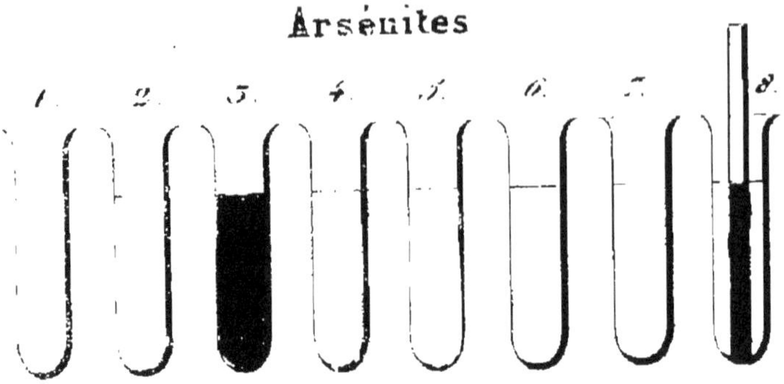

1. 2. 3. 4. 5. 6. 7. 8.

Arsénite potassique et

N° 1. Hydrogène sulfuré (liqueur acide).
2. Sulfate cuivrique.
3. Potasse et sulfate cuivrique (ébullition).
4. Chlorure calcique ou barytique.
5. Sulfate nickeleux.
6. Nitrate cobalteux.
7. Nitrate argentique.
8. Lame de zinc et acide sulfurique.

Tableau XX.

ARSENIC

Arséniates.

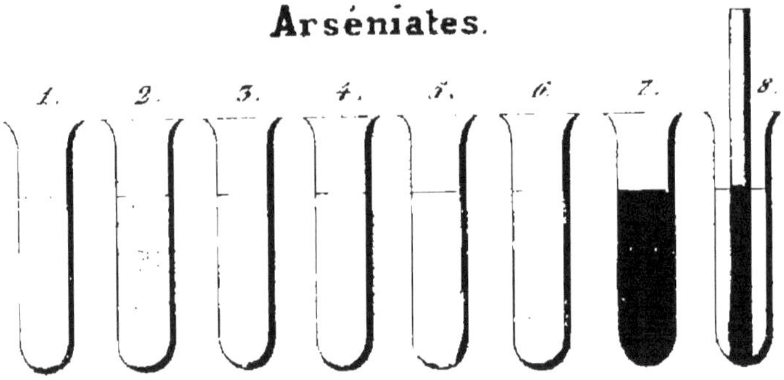

1. 2. 3. 4. 5. 6. 7. 8.

Arséniate potassique et

N° 1. Hydrogène sulfuré et acide sulfureux (liqueur acide)
2. Sulfate cuivrique.
3. Chlorure calcique ou barytique.
4. Chlorure ferrique.
5. Sulfate nickeleux.
6. Nitrate cobalteux
7. Nitrate argentique.
8. Lame de zinc et acide sulfurique.

G. Chancel del. Lith. Bonnafoux

Tableau I Page 88.

ZINC

Sels Zinciques.

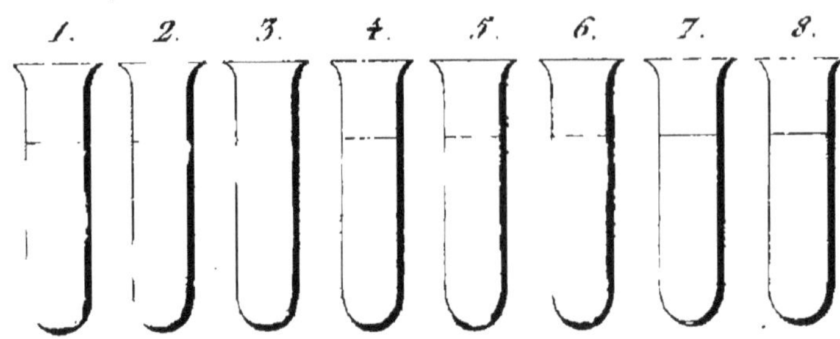

Sulfate zincique et

N° 1. Potasse caustique en faible quantité.
2. Carbonate potassique.
3. Carbonate ammonique en très faible quantité.
4. Sulfhydrate ammonique.
5. Phosphate sodique.
6. Ferrocyanure potassique.
7. Iodure potassique.
8. Chromate potassique.

Tableau II Page 89.

MANGANÈSE

Sels manganeux.

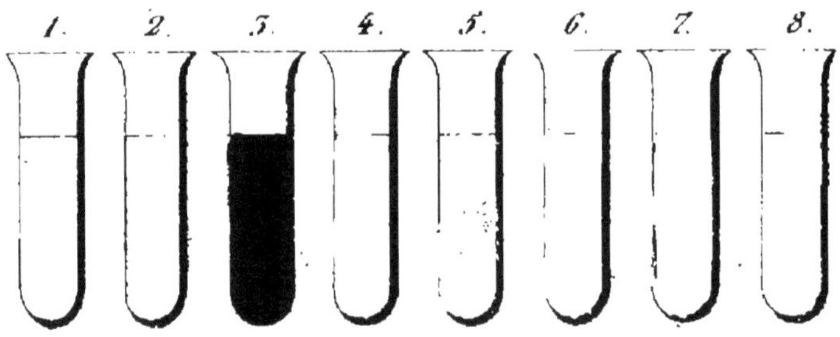

Sulfate Manganeux et

N° 1 Potasse caustique.
2 Potasse (p[te] exposé à l'air).
3. Potasse (p[te] traité par l'eau de Chlore).
4. Carbonate potassique.
5. Sulfhydrate ammonique.
6. Phosphate sodique.
7. Ferrocyanure potassique.
8. Ferricyanure potassique.

G. Chancel, del. Lith. [illegible]

Tableau III

FER

Sels ferreux.

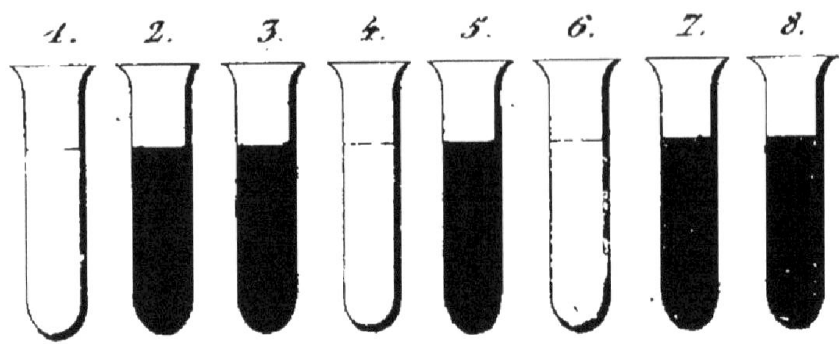

Sulfate ferreux et

N° 1. *Potasse caustique.*
2. *Potasse (p.té exposé à l'air).*
3. *Potasse (p.té traité par l'eau de Chlore).*
4. *Carbonate potassique.*
5. *Sulfhydrate ammonique.*
6. *Ferrocyanure potassique.*
7. *Ferricyanure potassique.*
8. *Acide nitrique à chaud (Coloration sans p.té).*

Tableau IV.

FER

Sels Ferriques.

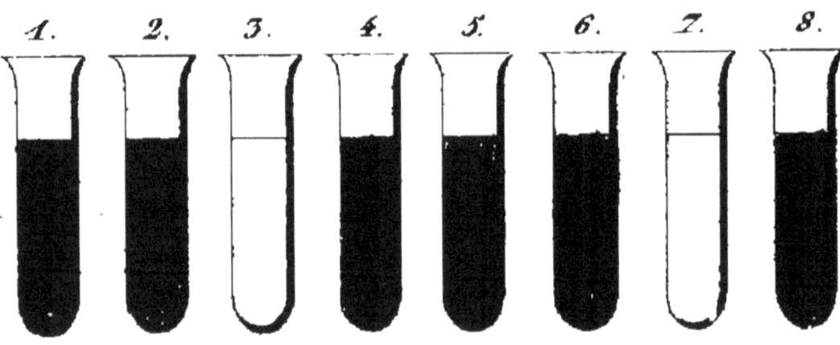

Sulfate ferrique et

N° 1. *Potasse ou ammoniaque.*
2. *Carbonate potassique (p.té accompagné d'une efferv.ce).*
3. *Hydrogène sulfuré (p.té de soufre).*
4. *Sulfhydrate ammonique.*
5. *Ferrocyanure potassique.*
6. *Sulfocyanure potassique (Coloration sans p.té).*
7. *Phosphate sodique (p.té insoluble dans l'acide acétique).*
8. *Infusion de noix de Galle (Encre).*

G. Chancel, del. Lith. [illegible]

Tableau V. Page 93.

NICKEL

Sels nickeleux.

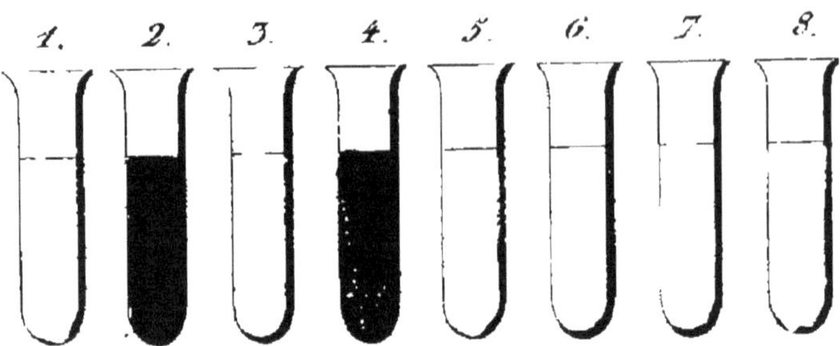

Nitrate et Nickeleux

N° 1. Potasse en excès ou Ammoniaque en faible quantité.
2. Ammoniaque en excès (Coloration, pte redissous.
3. Carbonate potassique
4. Sulfhydrate ammonique
5. Ferrocyanure potassique.
6. Ferricyanure potassique.
7. Cyanure potassique en faible quantité.
8. Phosphate sodique.

Tableau VI. Page 94.

COBALT

Sels cobalteux.

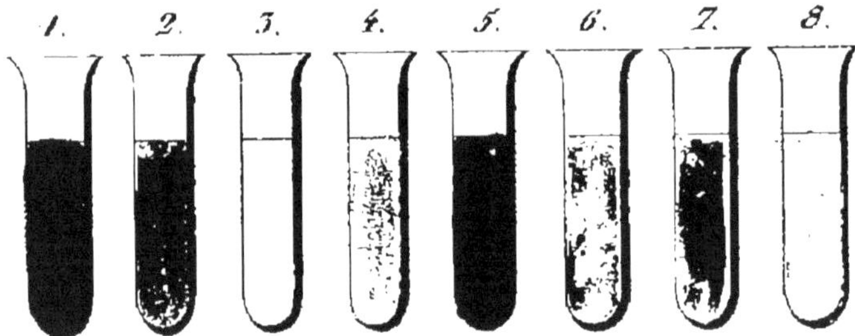

Nitrate Cobalteux et

N° 1. Potasse caustique.
2. Potasse (Pte exposé à l'air).
3. Potasse (Pte soumis à l'ébullition).
4. Carbonate potassique.
5. Sulfhydrate ammonique.
6. Ferrocyanure potassique.
7. Cyanure potassique en faible quantité.
8. Phosphate sodique.

G. Chancel, del. Lith. Dournadieu

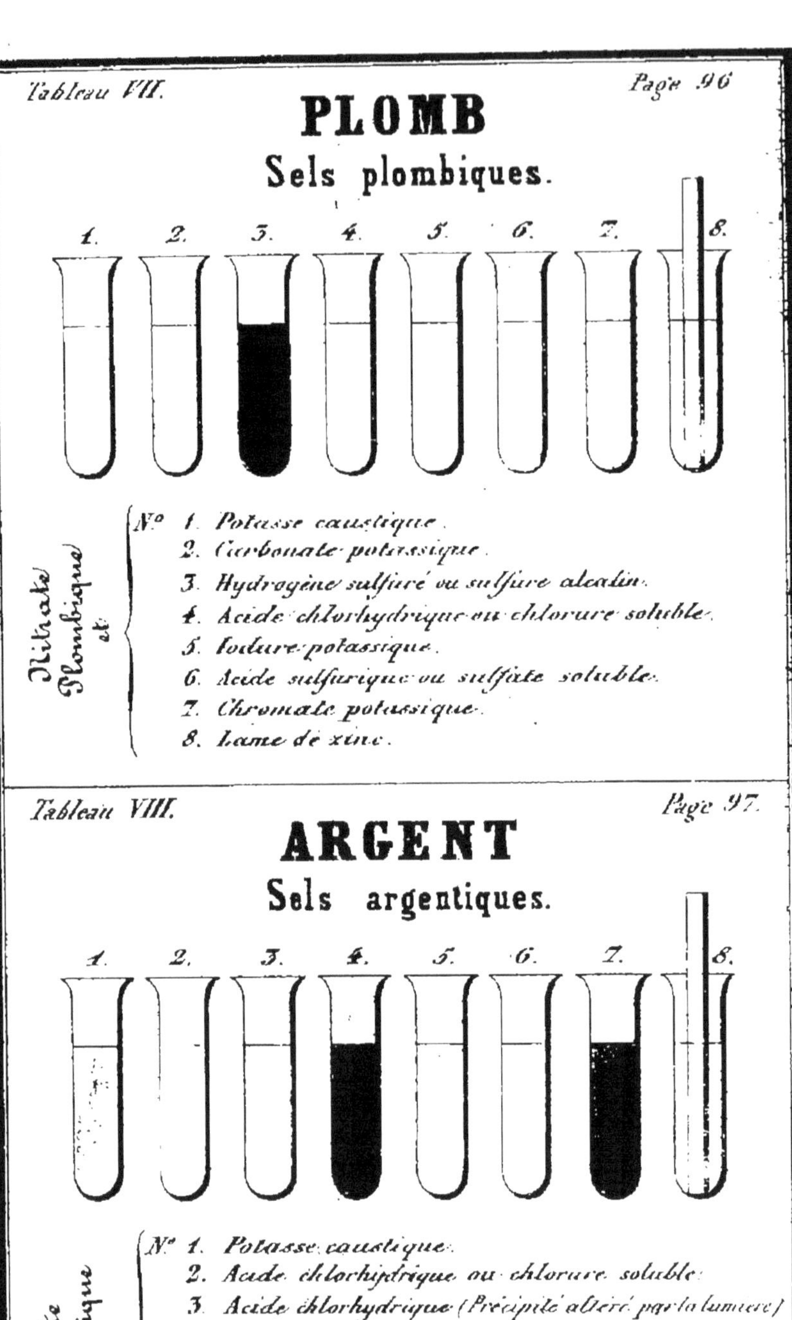

Tableau VII.
Page 96
PLOMB
Sels plombiques.
1. 2. 3. 4. 5. 6. 7. 8.
Nitrate Plombique et
N° 1. Potasse caustique.
2. Carbonate potassique.
3. Hydrogène sulfuré ou sulfure alcalin.
4. Acide chlorhydrique ou chlorure soluble.
5. Iodure potassique.
6. Acide sulfurique ou sulfate soluble.
7. Chromate potassique.
8. Lame de zinc.
Tableau VIII.
Page 97.
ARGENT
Sels argentiques.
1. 2. 3. 4. 5. 6. 7. 8.
Nitrate Argentique et
N° 1. Potasse caustique.
2. Acide chlorhydrique ou chlorure soluble.
3. Acide chlorhydrique (Précipité altéré par la lumière)
4. Hydrogène sulfuré ou sulfure alcalin.
5. Phosphate sodique.
6. Pyrophosphate sodique.
7. Chromate potassique.
8. Lame de zinc.
G. Chancel. del.
L. Dieudonné

Tableau IX. Page 98'

MERCURE

Sels mercureux.

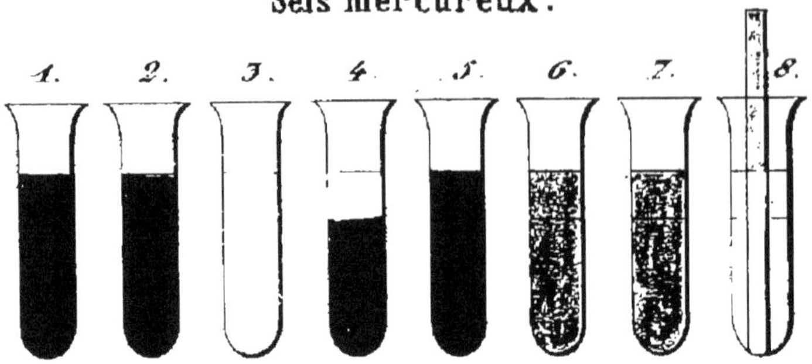

1. 2. 3. 4. 5. 6. 7. 8.

Nitrate Mercureux et

N° 1. Potasse caustique.
2. Carbonate potassique.
3. Acide Chlorhydrique ou chlorure soluble.
4. Acide Chlorhydrique (Pp.té traité par l'ammoniaque)
5. Hydrogène sulfuré ou sulfure alcalin.
6. Iodure potassique.
7. Chromate potassique.
8. Lame de cuivre.

Tableau X. Page 99

MERCURE

Sels mercuriques.

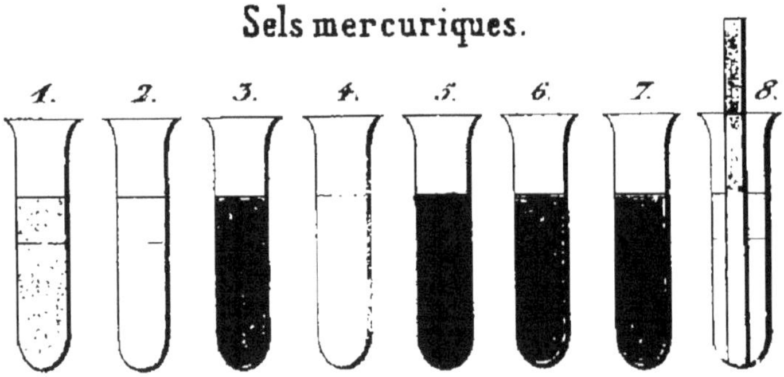

1. 2. 3. 4. 5. 6. 7. 8.

Chlorure Mercurique et

N° 1 Potasse caustique en faible quantité.
2. Potasse caustique en excès.
3. Carbonate potassique.
4. Hydrogène sulfuré en très faible quantité.
5. Hydrogène sulfuré ou sulfure alcalin en excès.
6. Iodure potassique.
7. Chromate potassique.
8. Lame de cuivre.

A. Chancel del. Lith. Bonnadieu.

Tableau XI. *Page 100*

BISMUTH

Sels bismuthiques.

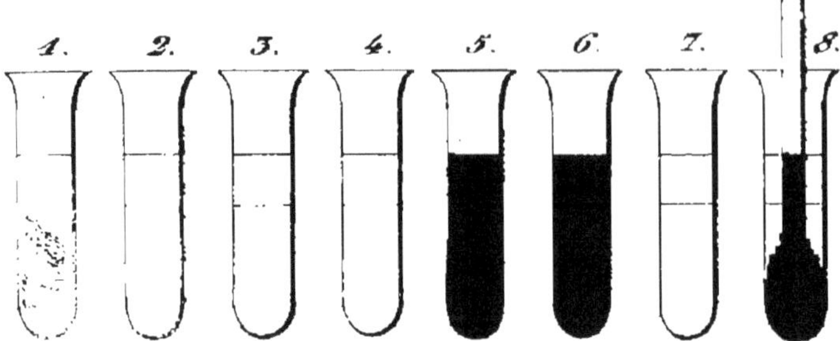

Nitrate Bismuthique et

N° 1 *Eau en assez grande quantité*
2 *Potasse caustique*
3 *Potasse (Pp.té soumis à l'ébullition)*
4 *Carbonate potassique*
5 *Hydrogène Sulfuré ou sulfure alcalin*
6 *Iodure potassique*
7 *Chromate potassique*
8 *Lame de zinc (de cuivre ou d'étain)*

Tableau XII. *Page 102*

CUIVRE

Sels cuivriques.

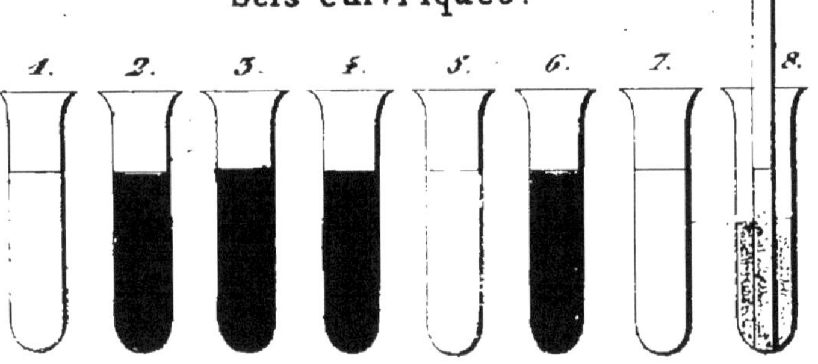

Sulfate Cuivrique et

N° 1. *Potasse en excès ou Ammoniaque en faible quantité*
2. *Potasse (Pp.te soumis à l'ébullition)*
3. *Hydrogène sulfuré ou sulfure alcalin*
4. *Ferrocyanure potassique*
5. *Acide sulfureux puis Iodure potassique.*
6. *Chromate potassique*
7. *Arsénite potassique.*
8. *Lame de fer.*

G. Chancel, del. *Lith. Dannadieu.*

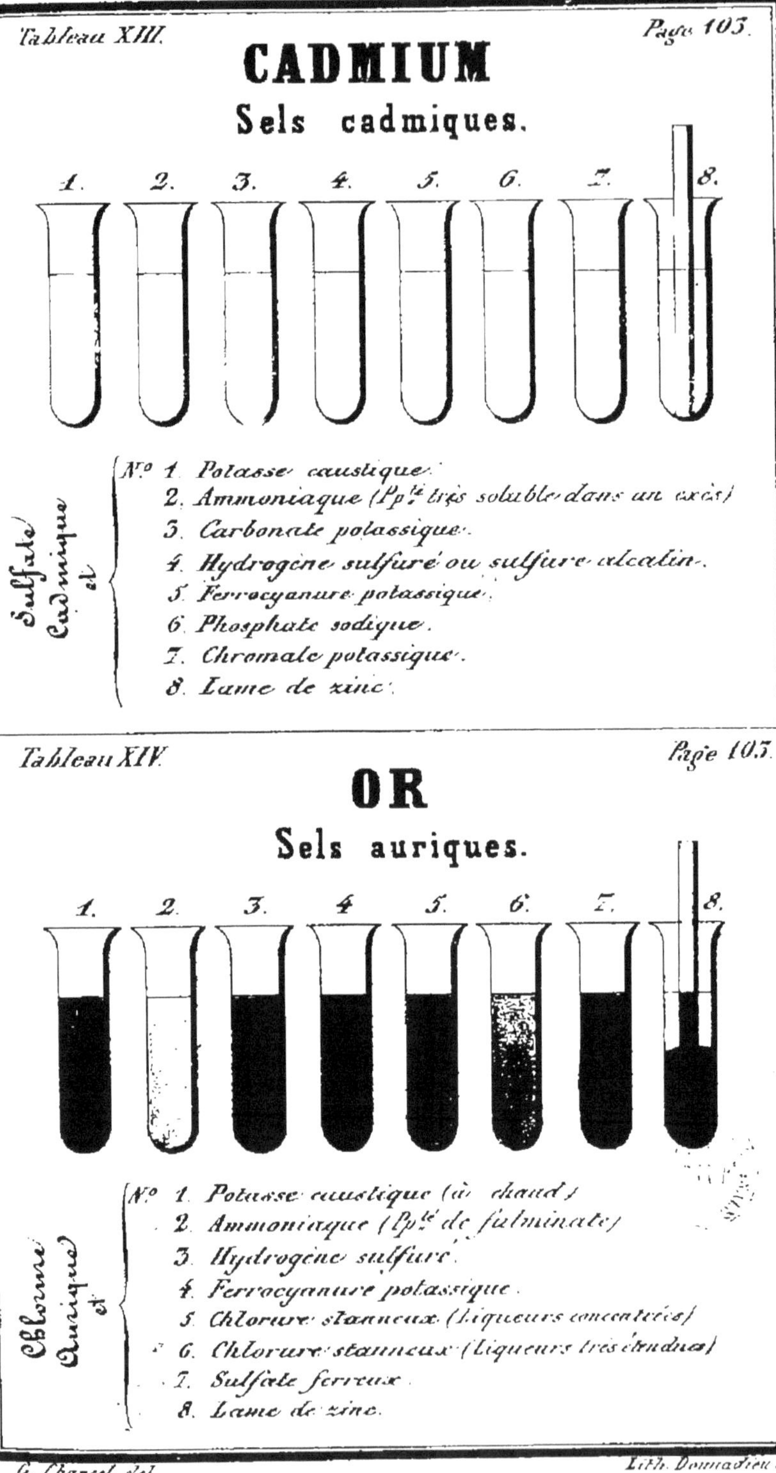

G. Chancel, del. Lith. Doumadieu.

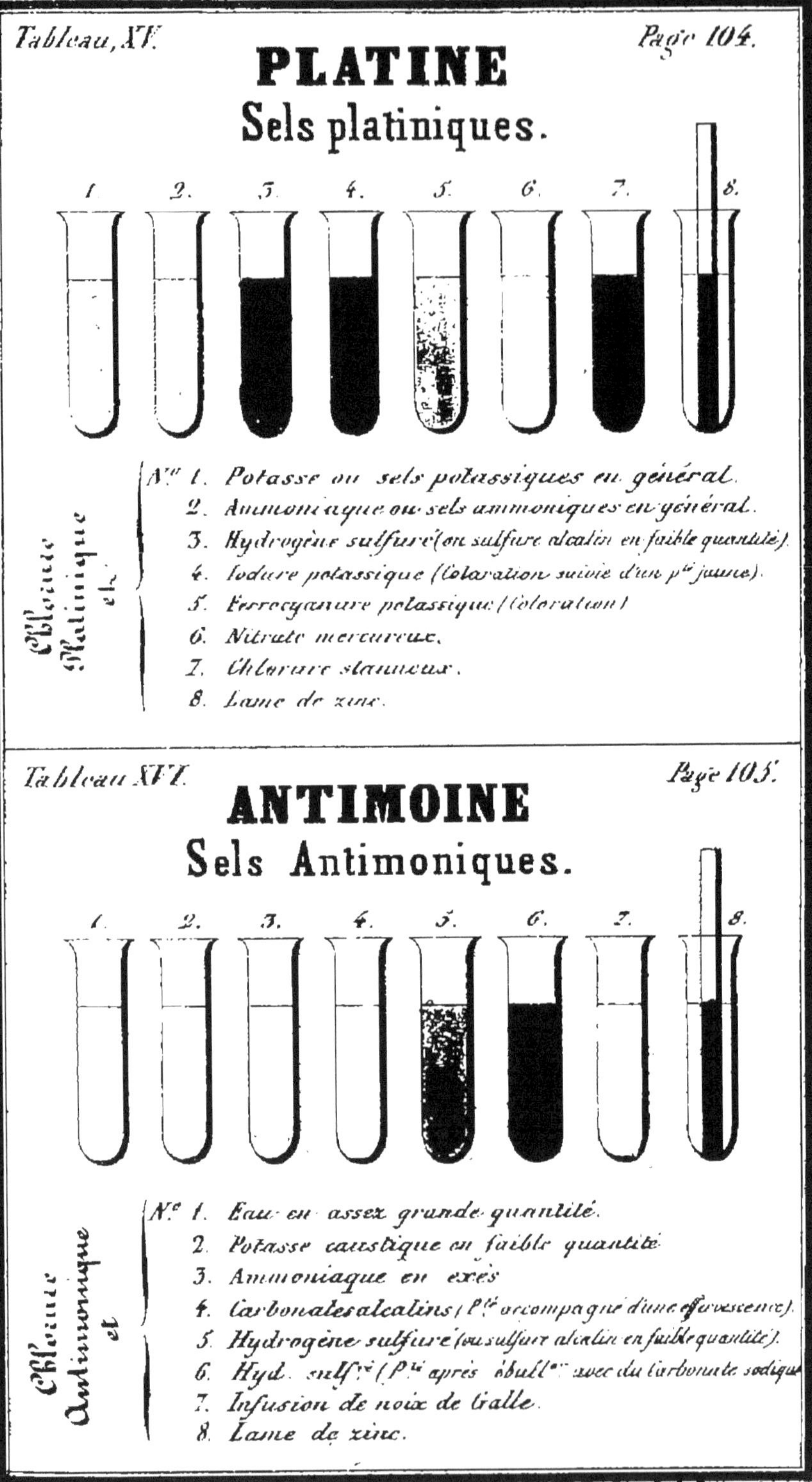
Tableau XV.
Page 104.
PLATINE
Sels platiniques.
1. 2. 3. 4. 5. 6. 7. 8.
Chlorure Platinique et
Nº 1. Potasse ou sels potassiques en général.
2. Ammoniaque ou sels ammoniques en général.
3. Hydrogène sulfuré (ou sulfure alcalin en faible quantité).
4. Iodure potassique (Coloration suivie d'un p.té jaune).
5. Ferrocyanure potassique (Coloration)
6. Nitrate mercureux.
7. Chlorure stanneux.
8. Lame de zinc.
Tableau XVI.
Page 105.
ANTIMOINE
Sels Antimoniques.
1. 2. 3. 4. 5. 6. 7. 8.
Chlorure Antimonique et
Nº 1. Eau en assez grande quantité.
2. Potasse caustique en faible quantité.
3. Ammoniaque en excès
4. Carbonates alcalins (P.té accompagné d'une effervescence).
5. Hydrogène sulfuré (ou sulfure alcalin en faible quantité).
6. Hyd. sulf.ré (P.té après ébull.on avec du Carbonate sodique
7. Infusion de noix de Galle.
8. Lame de zinc.
G. Chancel, del.
Lith Doumadieu.

Tableau XVII. Page. 106.

ETAIN

Sels stanneux.

1. 2. 3. 4. 5. 6. 7. 8.

Chlorure stanneux et

N° 1. Potasse caustique (P^té soluble dans un excès)
2. Ammoniaque (P^té insoluble dans un excès)
3. Hydrogène sulfuré (ou sulfure alcalin en faible quantité).
4. Ferrocyanure potassique.
5. Iodure potassique
6. Chlorure mercurique en excès (P^té de Calomel).
7. Chlorure mercurique en faible quant^té (P^té de Mercure).
8. Lame de zinc.

Tableau XVIII. Page 106.

ETAIN

Sels stanniques.

1. 2. 3. 4. 5. 6. 7. 8.

Chlorure stannique et

N° 1. Potasse caustique (P^té soluble dans un excès).
2. Ammoniaque (P^té insoluble dans un excès).
3. Hydrogène sulfuré (Liqueur chaude).
4. Sulfhydrate ammonique (P^té soluble dans un excès)
5. Ferrocyanure potassique.
6. Phosphate sodique.
7. Chromate potassique.
8. Lame de zinc.

G. Chancel, del. Lith. Doumo frère.

www.ingramcontent.com/pod-product-compliance
Ingram Content Group UK Ltd.
Pitfield, Milton Keynes, MK11 3LW, UK
UKHW020244250726
13967UKWH00004B/1507

9 782011 914408